Kohls Stationenlernen Mathematik
5. Schuljahr

2. Auflage 2014

Inhalt: Hans-J. Schmidt
Coverbild: © contrastwerkstatt - fotolia.com
Grafik & Satz: Kohl-Verlag
Druck: Medienzentrum Süd, Köln

Bestell-Nr. 11 591

ISBN: 978-3-95686-568-8

Inhalt

! Grundaufgaben; ★ Expertenaufgaben

Inhalt

! Grundaufgaben; ★ Expertenaufgaben

Inhalt

! Grundaufgaben; ★ Expertenaufgaben

Inhalt

! Grundaufgaben; ★ Expertenaufgaben

Anleitung

Sehr geehrte Kollegen und Kolleginnen,

dieses Werk zum Stationenlernen im Mathematikunterricht soll Ihnen Ihre alltägliche Arbeit erleichtern. Dabei war es uns besonders wichtig Stationen zu kreieren, die möglichst schüler- und handlungsorientiert sind und mehrere Lerneingangskanäle ansprechen. Denn nur so kann Wissen langfristig gesichert und auch wieder abgerufen werden. Die Reihenfolge der Stationen ist frei wählbar. Dadurch können die Schüler in ihrem individuellen Arbeits- und Lerntempo vorgehen. Aber auch Sie als Lehrer können die Karten in unterschiedlichen Reihenfolgen verwenden. Durch den individuell ausfüllbaren Laufzettel wird bei dieser differenzierten Arbeitsform stets der Überblick gewahrt. Die Materialien eignen sich dank der möglichen Hilfestellungen durch die Tipp-Karten auch hervorragend für das selbstständige Lernen oder die Selbstlernzeit.
Im hinteren Bereich des Hefts finden Sie Tipp-Karten zu einzelnen Stationen.

Stationen:

Die Stationszettel enthalten bewusst keine Nummerierung, um einen flexiblen Einsatz zu gewährleisten. So kann jeder selbst entscheiden, welche Station bearbeitet werden soll. Dies können sowohl Stationen aus einem Bereich sein, ebenso gut dürfen auch Aufgaben aus allen Bereichen vermischt werden. Nach Belieben können Sie die Stationen jedoch auch nummerieren, um den Schülern die Zuordnung zu erleichtern.

Grund- und Expertenaufgaben:

Innerhalb der Bereiche gibt es Grundaufgaben, die mit einem Ausrufezeichen markiert sind, und Expertenaufgaben, die mit einem Stern gekennzeichnet sind. Die Grundaufgaben sollen von allen Schülern bearbeitet werden. Schwächere Schüler können hier oft auf Tipp-Karten zurückgreifen.
Die Expertenaufgaben enthalten vertiefende oder weiterführende Inhalte. Selbstverständlich können Sie je nach Leistungsstand Ihrer Klasse problemlos Stationen anders kennzeichnen, indem Sie **!** oder ★ übermalen und anders kennzeichnen.

Tipp-Karten:

Wie bereits erwähnt gibt es für einige Grundaufgaben Tipp-Karten. Es empfiehlt sich, die Tipp-Karten z. B. in Briefumschlägen verpackt den Stationen beizulegen oder sie sogar an einem separaten Ort zu platzieren. So überlegen die Kinder eher, ob sie einen Tipp benötigen oder nicht, und werden nicht so stark dazu verleitet, aus Bequemlichkeit einen Blick darauf zu werfen.

Anleitung

Lösungen:

Wer die Aufgaben der Schüler korrigiert, hängt zum einen von der Lerngruppe und zum anderen von den Vorlieben des unterrichtenden Lehrers ab. So können Sie die Verbesserung der Schüleraufgaben selbst übernehmen, oder diese Aufgabe in die Verantwortung der Kinder übergeben. In diesem Fall haben Sie die Möglichkeit, die Karten einfach auszuschneiden und zu laminieren. Es befindet sich dann direkt auf der Rückseite der Aufgabe die passende Lösung zur einfachen Selbstkontrolle. Alternativ können Sie die Seiten jedoch auch kopieren und die Lösungen, für die Schüler erkenntlich markiert, an einem passenden Ort positionieren.

Stationen-Laufzettel:

Der Stationen-Laufzettel ist so konzipiert, dass die Lehrkraft oder die Schüler die Stationsnummer (alternativ den Bereich) sowie den Stationsnamen eintragen. Die Kinder haken dann ab, wenn sie eine Station erledigt haben. Ein weiterer Haken wird gesetzt, wenn die Station korrigiert wurde. Dies geschieht entweder durch den Lehrer oder die Schüler selbst.

Symbole:

Heft 

Stift/Bleistift 

Blatt Papier 

Geodreieck 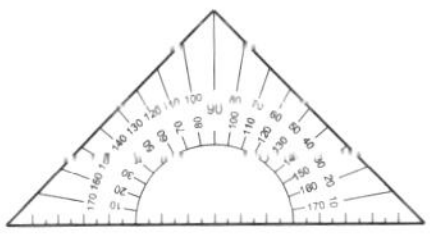

Zirkel 

Grundaufgabe 

Expertenaufgabe 

Einzelaufgabe 

Partneraufgabe 

Nach dieser kurzen Einführung wünscht Ihnen viel Spaß beim Einsatz der Materialien
Ihr Kohl-Verlag

Name: ______________________ Datum: ______________________

Stationen-Laufzettel

Grundaufgaben

!

Station	Stationsname	erledigt ✓	korrigiert ✓

Expertenaufgaben:

★

Station	Stationsname	erledigt ✓	korrigiert ✓

KOHL VERLAG Kohls Stationenlernen Mathematik / 5. Schuljahr - Bestell-Nr. 11 591

E

Station

!

Schriftliche Addition

Rechne die Aufgaben schriftlich aus. Kreuze die passende Lösung an. Aus den Kennbuchstaben der richtigen Lösungen ergibt sich ein Lösungswort.

A

	1	3	2	1	3
+	8	5	2	1	4

○ 97427 (A)
○ 98527 (G)
○ 98427 (K)

B

	2	4	3	9	7
+	9	3	9	6	5

○ 118362 (I)
○ 117362 (N)
○ 119362 (L)

C

	8	9	4	6	2
+	1	5	2	0	3

○ 103665 (A)
○ 104665 (L)
○ 105665 (D)

D

	3	8	7	8	8
+	5	2	8	3	1

○ 91619 (O)
○ 90610 (E)
○ 92619 (S)

E

	9	6	8	7	0
+	5	6	0	1	2

○ 153882 (N)
○ 152882 (B)
○ 152892 (E)

F

	5	1	5	3	7
+	4	6	9	7	7

○ 98414 (R)
○ 98614 (K)
○ 98514 (Y)

G

	4	3	7	5	7
+	5	9	1	2	5

○ 102882 (T)
○ 102982 (S)
○ 102872 (E)

H

	8	7	0	8	1
+	3	6	8	0	6

○ 124887 (N)
○ 123887 (F)
○ 125887 (I)

Lösungswort:

A	
B	
C	
D	
E	
F	
G	
H	

Kohls Stationenlernen Mathematik / 5. Schuljahr - Bestell-Nr. 11 591

E

Station

!

Zahlenmauer

Setze die Zahlen so in die Zahlenmauer ein, dass zwei Zahlen, die nebeneinander stehen, zusammengezählt immer die Zahl darüber ergeben.

Löse die Aufgabe zunächst auf einem Zettel oder im Heft und übertrage dann deine Lösung in diese Zahlenmauer.

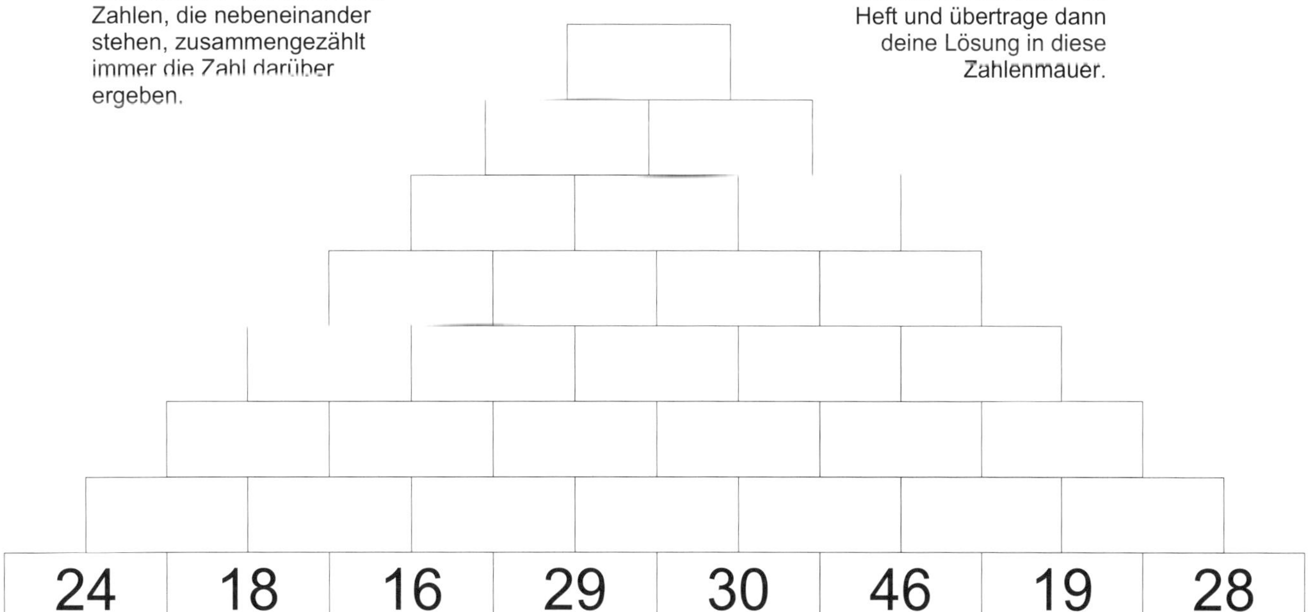

Kohls Stationenlernen Mathematik / 5. Schuljahr - Bestell-Nr. 11 591

Station

E

Schriftliche Addition

!

Rechne die Aufgaben schriftlich aus. Kreuze die passende Lösung an. Aus den Kennbuchstaben der richtigen Lösungen ergibt sich ein Lösungswort.

A

	1	3	2	1	3
+	8	5	2	1	4
	9	8	4	2	7

☒ 98427 (K)

B

	2	4	3	9	7
+	9	3	9	6	5
1	1	8	3	6	2

☒ 118362 (I)

C

	8	9	4	6	2
+	1	5	2	0	3
1	0	4	6	6	5

☒ 104665 (L)

D

	3	8	7	8	8
+	5	2	8	3	1
	9	1	6	1	9

☒ 91619 (O)

E

	9	6	8	7	0
+	5	6	0	1	2
1	5	2	8	8	2

☒ 152882 (B)

F

	5	1	5	3	7
+	4	6	9	7	7
	9	8	5	1	4

☒ 98514 (Y)

G

	4	3	7	5	7
+	5	9	1	2	5
1	0	2	8	8	2

☒ 102882 (T)

H

	8	7	0	8	1
+	3	6	8	0	6
1	2	3	8	8	7

☒ 123887 (E)

Lösungswort:

A	K
B	I
C	L
D	O
E	B
F	Y
G	T
H	E

Kohls Stationenlernen Mathematik / 5. Schuljahr - Bestell-Nr. 11 591

Station

E

Zahlenmauer

!

Setze die Zahlen so in die Zahlenmauer ein, dass zwei Zahlen, die nebeneinander stehen, zusammengezählt immer die Zahl darüber ergeben.

Löse die Aufgabe zunächst auf einem Zettel oder im Heft und übertrage dann deine Lösung in diese Zahlenmauer.

3678

1697 | 1981

760 | 937 | 1044

338 | 422 | 515 | 529

155 | 183 | 239 | 276 | 253

76 | 79 | 104 | 135 | 141 | 112

42 | 34 | 45 | 59 | 76 | 65 | 47

24 | 18 | 16 | 29 | 30 | 46 | 19 | 28

Station E

Schriftliche Subtraktion

Rechne die Aufgaben schriftlich aus. Kreuze die passende Lösung an. Aus den Kennbuchstaben der richtigen Lösungen ergibt sich ein Lösungswort.

A

	8	3	2	1	3
–	4	5	2	6	4

○ 37949 (A)
○ 36349 (M)
○ 38349 (K)

B

	9	4	3	1	7
–	5	3	9	6	5

○ 39352 (I)
○ 39452 (O)
○ 40352 (M)

C

	8	9	4	6	2
–	3	5	2	8	3

○ 54179 (A)
○ 53179 (E)
○ 54279 (N)

D

	8	8	7	1	8
–	5	2	8	3	9

○ 25879 (U)
○ 35879 (Z)
○ 35779 (N)

E

	9	6	8	7	0
–	5	6	9	1	2

○ 39958 (O)
○ 40958 (M)
○ 39858 (S)

F

	7	1	5	3	7
–	4	6	9	7	8

○ 23559 (P)
○ 24459 (E)
○ 24559 (N)

G

	5	3	7	5	3
–	2	9	1	2	5

○ 23628 (N)
○ 24628 (A)
○ 24528 (E)

H

	8	7	0	8	1
–	3	6	8	0	6

○ 40275 (N)
○ 50175 (T)
○ 50275 (S)

Lösungswort:

A ☐
B ☐
C ☐
D ☐
E ☐
F ☐
G ☐
H ☐

Station E

Zahlenmauer

Ziehe jeweils von der größeren Zahl die kleinere Zahl ab und trage dein Ergebnis in das Kästchen darunter ein. Löse die Aufgabe zunächst auf einem Zettel oder im Heft und übertrage dann deine Lösung in diese Zahlenmauer.

34235	17339	8734	4419	2272	1163	539	198

E

Station

Schriftliche Subtraktion

Rechne die Aufgaben schriftlich aus. Kreuze die passende Lösung an. Aus den Kennbuchstaben der richtigen Lösungen ergibt sich ein Lösungswort.

A

	8	3	2	1	3
–	4	5	2	6	4
	3	7	9	4	9

☒ 37949 (A)

B

	9	4	3	1	7
–	5	3	9	6	5
	4	0	3	5	2

☒ 40352 (M)

C

	8	9	4	6	2
–	3	5	2	8	3
	5	4	1	7	9

☒ 54179 (A)

D

	8	8	7	1	8
–	5	2	8	3	9
	3	5	8	7	9

☒ 35879 (Z)

E

	9	6	8	7	0
–	5	6	9	1	2
	3	9	9	5	8

☒ 39958 (O)

F

	7	1	5	3	7
–	4	6	9	7	8
	2	4	5	5	9

☒ 24559 (N)

G

	5	3	7	5	3
–	2	9	1	2	5
	2	4	6	2	8

☒ 24628 (A)

H

	8	7	0	8	1
–	3	6	8	0	6
	5	0	2	7	5

☒ 50275 (S)

Lösungswort:

A	A
B	M
C	A
D	Z
E	O
F	N
G	A
H	S

Kohls Stationenlernen Mathematik / 5. Schuljahr - Bestell-Nr. 11 591

E

Station

Zahlenmauer

Ziehe jeweils von der größeren Zahl die kleinere Zahl ab und trage dein Ergebnis in das Kästchen darunter ein. Löse die Aufgabe zunächst auf einem Zettel oder im Heft und übertrage dann deine Lösung in diese Zahlenmauer.

34235	17339	8734	4419	2272	1163	539	198
16896	8605	4315	2147	1109	624	341	
8291	4290	2168	1038	485	283		
4001	2122	1130	553	202			
1879	992	577	351				
887	415	226					
472	189						
283							

Kohls Stationenlernen Mathematik / 5. Schuljahr - Bestell-Nr. 11 591

Kohls Stationenlernen Mathematik / 5. Schuljahr - Bestell-Nr. 11 591

E

Station

Mal mehr, mal weniger

Rechne zuerst alle Aufgaben aus und schreibe die Lösungen in die grauen Felder. Aus den Kennbuchstaben der richtigen Antworten ergeben sich zwei Lösungswörter.

A	B	C	D
38 mehr als das 5fache von 83	93 weniger als das 7fache von 48	126 mehr als das 3fache von 275	341 weniger als das 4fache von 217

E	F	G	H
58 mehr als das 9fache von 74	213 weniger als das 12fache von 98	73 mehr als das 4fache von 163	66 weniger als das 8fache von 59

I	J	K	L
49 mehr als das 11fache von 25	79 weniger als das 5fache von 135	165 mehr als das 3fache von 272	248 weniger als das 6fache von 194

Lösungen mit Kennbuchstaben

243	324	406	453	527	596
I	A	L	E	B	L
724	725	916	951	963	981
Ä	S	M	S	R	O

Lösungswort 1:

A	B	C	D	E	F

Lösungswort 2:

G	H	I	J	K	L

Kohls Stationenlernen Mathematik / 5. Schuljahr - Bestell-Nr. 11 591

E

Station

Zahlenstrahl und natürliche Zahlen

Welche Zahlen sind auf dem Ausschnitt des Zahlenstrahls markiert? Trage in die grauen Kästchen ein.

A

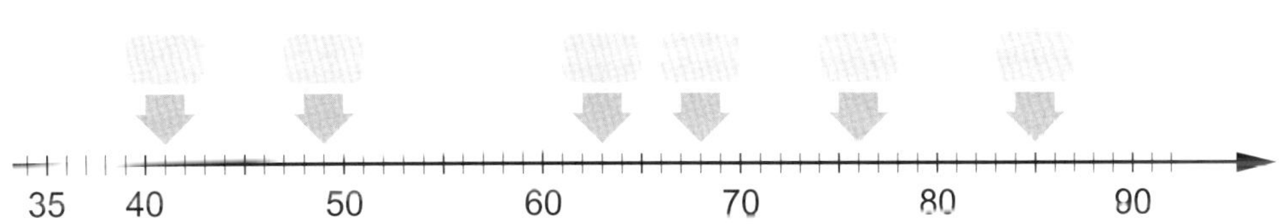

B

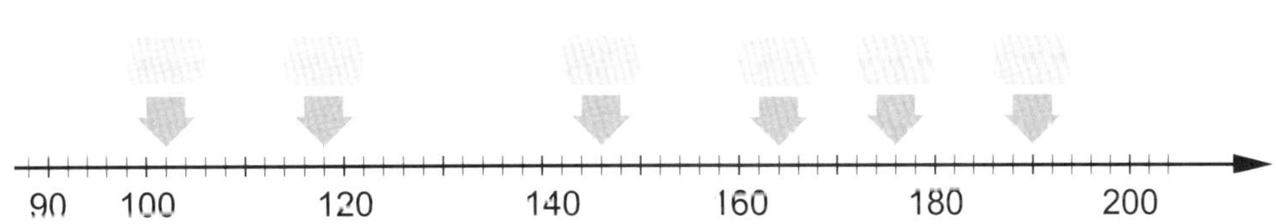

C

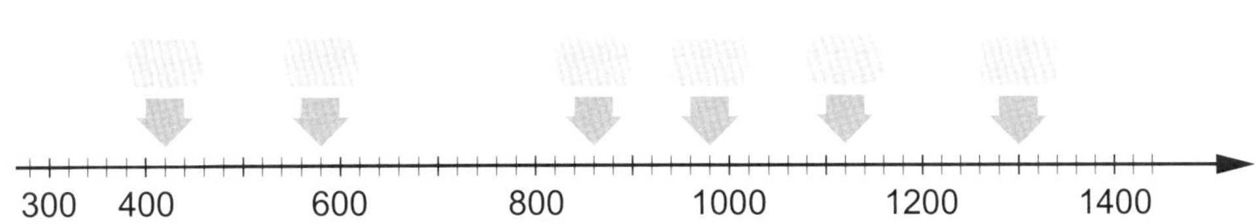

D

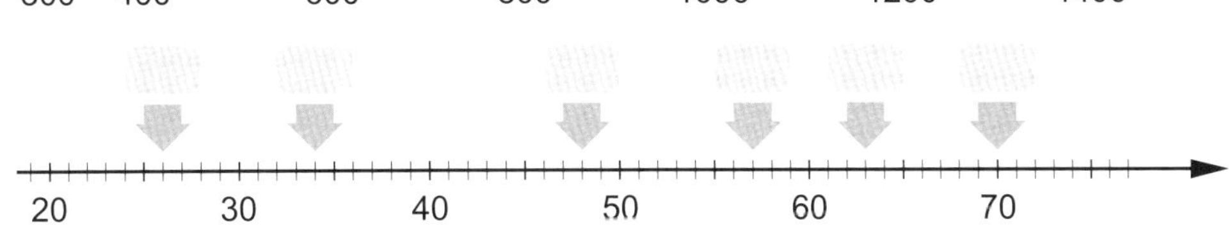

Station E

Mal mehr, mal weniger

Rechne zuerst alle Aufgaben aus und schreibe die Lösungen in die grauen Felder. Aus den Kennbuchstaben der richtigen Antworten ergeben sich zwei Lösungswörter.

A	B	C	D
38 mehr als das 5fache von 83 **453**	93 weniger als das 7fache von 48 **243**	126 mehr als das 3fache von 275 **951**	341 weniger als das 4fache von 217 **527**

E	F	G	H
58 mehr als das 9fache von 74 **724**	213 weniger als das 12fache von 98 **963**	73 mehr als das 4fache von 163 **725**	66 weniger als das 8fache von 59 **406**

I	J	K	L
49 mehr als das 11fache von 25 **324**	79 weniger als das 5fache von 135 **596**	165 mehr als das 3fache von 272 **981**	248 weniger als das 6fache von 194 **916**

Lösungen mit Kennbuchstaben

243	324	406	453	527	596
I	A	L	E	B	L
724	725	916	951	963	981
Ä	S	M	S	R	O

Lösungswort 1:

A	B	C	D	E	F
E	I	S	B	Ä	R

Lösungswort 2:

G	H	I	J	K	L
S	L	A	L	O	M

Station E

Zahlenstrahl und natürliche Zahlen

Welche Zahlen sind auf dem Ausschnitt des Zahlenstrahls markiert? Trage in die grauen Kästchen ein.

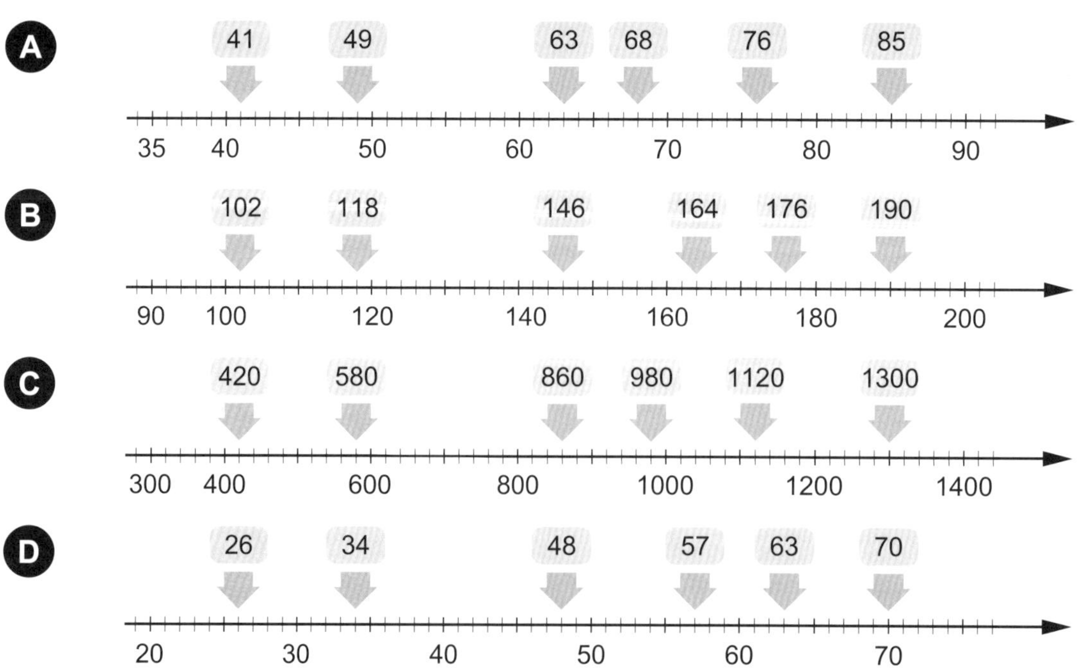

Station

Römische Zahlzeichen

Schreibt mit unseren Zahlzeichen. Aus den Kennbuchstaben der richtigen Anworten ergibt sich ein Lösungswort.

A	B	C	D	E	F
VIII	XXIV	MCC	XIX	CD	MCCX
○ 53 (H)	○ 24 (Ü)	○ 1110 (N)	○ 19 (E)	○ 600 (E)	○ 1210 (A)
○ 7 (K)	○ 26 (O)	○ 1200 (G)	○ 21 (H)	○ 450 (F)	○ 1190 (R)
○ 8 (B)	○ 29 (A)	○ 1100 (C)	○ 49 (Z)	○ 400 (L)	○ 1220 (L)

G	H	I	J	K	L
XXXIII	DLV	DCXVI	MCDXL	MCDLXVII	MCMXXXI
○ 38 (A)	○ 550 (B)	○ 596 (U)	○ 1440 (M)	○ 1467 (A)	○ 2131 (Z)
○ 33 (U)	○ 405 (Q)	○ 616 (O)	○ 1550 (E)	○ 1576 (K)	○ 1931 (T)
○ 23 (E)	○ 555 (T)	○ 614 (E)	○ 1460 (U)	○ 1677 (N)	○ 1929 (D)

Lösungswort:

A	B	C	D	E	F	G	H	I	J	K	L

Kohls Stationenlernen Mathematik / 5. Schuljahr - Bestell-Nr. 11 591

Station

Römische Zahlzeichen

Schreibt mit römischen Zahlzeichen. Aus den Kennbuchstaben der richtigen Anworten ergibt sich ein Lösungswort.

A	B	C	D	E	F
7	26	68	91	135	350
○ IIV (D)	○ XXVI (C)	○ LIIX (N)	○ XCI (N)	○ CCV (G)	○ CCCL (E)
○ VII (S)	○ XXIV (O)	○ LXIIX (Ü)	○ IC (H)	○ CXXLV (K)	○ CLD (R)
○ IIX (B)	○ XXIIIX (R)	○ LXVIII (H)	○ LXXXXI (C)	○ CXXXV (E)	○ CCCV (L)

G	H	I	J	K	L
486	674	1001	1307	1650	2025
○ IVXD (R)	○ DCXXXVI (F)	○ DDI (U)	○ MCCCVII (O)	○ MDCCL (A)	○ MMXXVL (H)
○ CDLXXXVI (K)	○ DCXXXC (Q)	○ MI (N)	○ MCCIV (S)	○ MDLCC (C)	○ MMXXV (E)
○ DVI (E)	○ DCLXXIV (A)	○ MIIIIV (I)	○ MCCDVII (U)	○ MDCL (N)	○ MMVXXX (D)

Lösungswort:

A	B	C	D	E	F	G	H	I	J	K	L

Station

Römische Zahlzeichen

Schreibt mit unseren Zahlzeichen. Aus den Kennbuchstaben der richtigen Anworten ergibt sich ein Lösungswort.

A	B	C	D	E	F
VIII	XXIV	MCC	XIX	CD	MCCX
8	24	1200	19	400	1210
☒ 8 (B)	☒ 24 (Ü)	☒ 1200 (G)	☒ 19 (E)	☒ 400 (L)	☒ 1210 (A)

G	H	I	J	K	L
XXXIII	DLV	DCXVI	MCDXL	MCDLXVII	MCMXXXI
33	555	616	1440	1467	1931
☒ 33 (U)	☒ 555 (T)	☒ 616 (O)	☒ 1440 (M)	☒ 1467 (A)	☒ 1931 (T)

Lösungswort:

A	B	C	D	E	F	G	H	I	J	K	L
B	Ü	G	E	L	A	U	T	O	M	A	T

Station

Römische Zahlzeichen

Schreibt mit römischen Zahlzeichen. Aus den Kennbuchstaben der richtigen Anworten ergibt sich ein Lösungswort.

A	B	C	D	E	F
7	26	68	91	135	350
VII	XXVI	LXVIII	XCI	CXXXV	CCCL
☒ VII (S)	☒ XXVI (C)	☒ LXVIII (H)	☒ XCI (N)	☒ CXXXV (E)	☒ CCCL (E)

G	H	I	J	K	L
486	674	1001	1307	1650	2025
CDLXXXVI	DCLXXIV	MI	MCCCVII	MDCL	MMXXV
☒ CDLXXXVI (K)	☒ DCLXXIV (A)	☒ MI (N)	☒ MCCCVII (O)	☒ MDCL (N)	☒ MMXXV (E)

Lösungswort:

A	B	C	D	E	F	G	H	I	J	K	L
S	C	H	N	E	E	K	A	N	O	N	E

Kohls Stationenlernen Mathematik / 5. Schuljahr - Bestell-Nr. 11 591

Kohls Stationenlernen Mathematik / 5. Schuljahr - Bestell-Nr. 11 591

Station E

Zehnerpotenzen

A

Schreibe mit Zehnerpotenzen.

$700 =$

$900000 =$

$60000000 =$

$20000 =$

$8000 =$

B

Berechne.

$25 \cdot 10^4 =$

$3 \cdot 10^5 =$

$34 \cdot 10^6 =$

$6 \cdot 10^9 =$

$5 \cdot 100^2 =$

C

Schreibe als Zehnerpotenz.

eine Million

eine Milliarde

zehn Milliarden

einhunderttausend

eine Billion

D

Berechne.

$4 \cdot 10^5 + 3 \cdot 10^4 + 0 \cdot 10^3 + 7 \cdot 10^2 + 0 \cdot 10 + 5 \cdot 1 =$

$6 \cdot 10^7 + 0 \cdot 10^6 + 3 \cdot 10^5 + 6 \cdot 10^4 + 9 \cdot 10^3 + 5 \cdot 10^2 + 0 \cdot 10 + 8 \cdot 1 =$

$2 \cdot 10^6 + 4 \cdot 10^5 + 0 \cdot 10^4 + 1 \cdot 10^3 + 7 \cdot 10^2 + 2 \cdot 10 + 0 \cdot 1 =$

$7 \cdot 10^6 + 3 \cdot 10^5 + 6 \cdot 10^4 + 4 \cdot 10^3 + 1 \cdot 10^2 + 2 \cdot 10 + 6 \cdot 1 =$

Station E

Übungen mit Mustern

Setze die vorgegebene Figur noch fünfmal in die Reihe. Du kannst dein Bild farbig ausmalen.

A

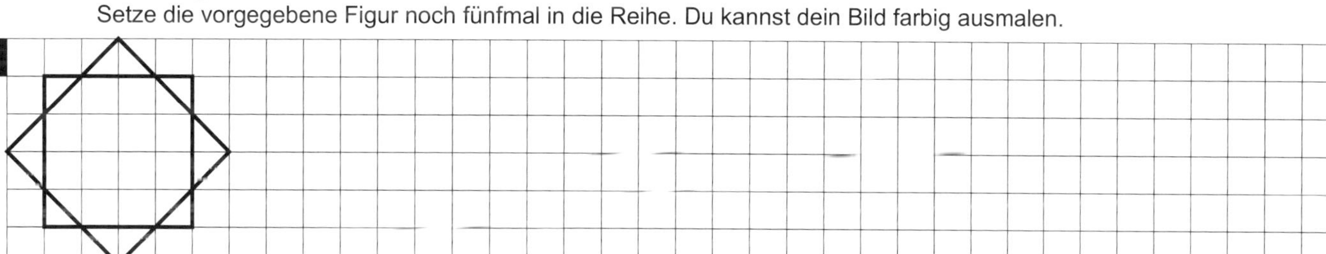

B

C

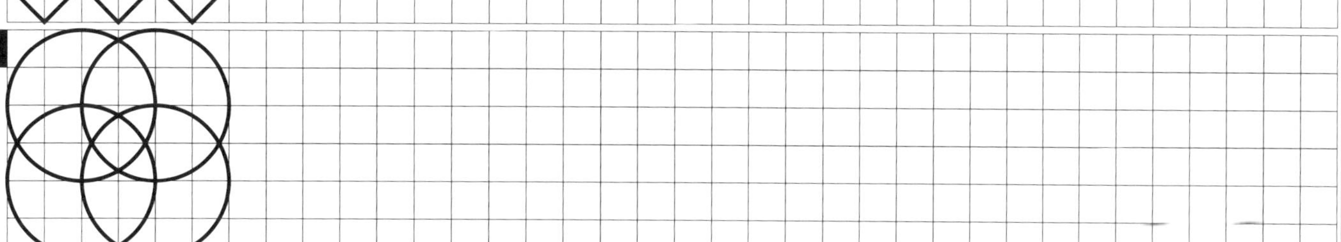

Kohls Stationenlernen Mathematik / 5. Schuljahr - Bestell-Nr. 11 591

Station E

Zehnerpotenzen

A Schreibe mit Zehnerpotenzen.

700 =	7 •	10^2
900000 =	9 •	10^5
60000000 =	6 •	10^7
20000 =	2 •	10^4
8000 =	8 •	10^3

B Berechne.

$25 \cdot 10^4 =$	250000
$3 \cdot 10^5 =$	300000
$34 \cdot 10^6 =$	34000000
$6 \cdot 10^9 =$	6000000000
$5 \cdot 100^2 =$	50000

C Schreibe als Zehnerpotenz.

eine Million	10^6
eine Milliarde	10^9
zehn Milliarden	10^{10}
einhunderttausend	10^5
eine Billion	10^{12}

D Berechne.

$4 \cdot 10^5 + 3 \cdot 10^4 + 0 \cdot 10^3 + 7 \cdot 10^2 + 0 \cdot 10 + 5 \cdot 1 =$	430705
$6 \cdot 10^7 + 0 \cdot 10^6 + 3 \cdot 10^5 + 6 \cdot 10^4 + 9 \cdot 10^3 + 5 \cdot 10^2 + 0 \cdot 10 + 8 \cdot 1 =$	60369508
$2 \cdot 10^6 + 4 \cdot 10^5 + 0 \cdot 10^4 + 1 \cdot 10^3 + 7 \cdot 10^2 + 2 \cdot 10 + 0 \cdot 1 =$	2401720
$7 \cdot 10^6 + 3 \cdot 10^5 + 6 \cdot 10^4 + 4 \cdot 10^3 + 1 \cdot 10^2 + 2 \cdot 10 + 6 \cdot 1 =$	7364126

Station E

Übungen mit Mustern

Setze die vorgegebene Figur noch fünfmal in die Reihe. Du kannst dein Bild farbig ausmalen.

A

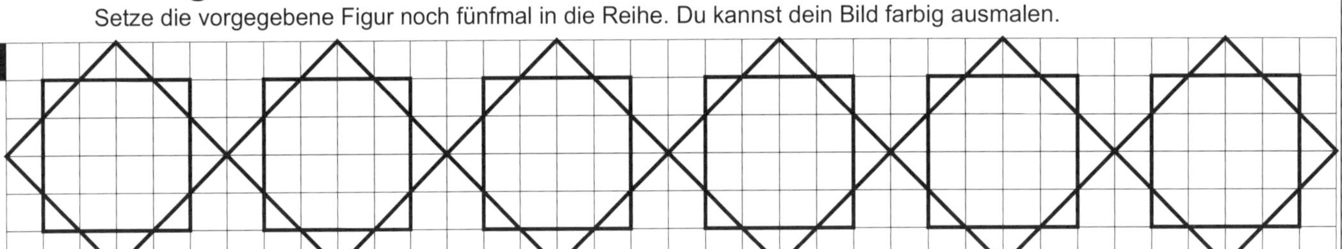

B

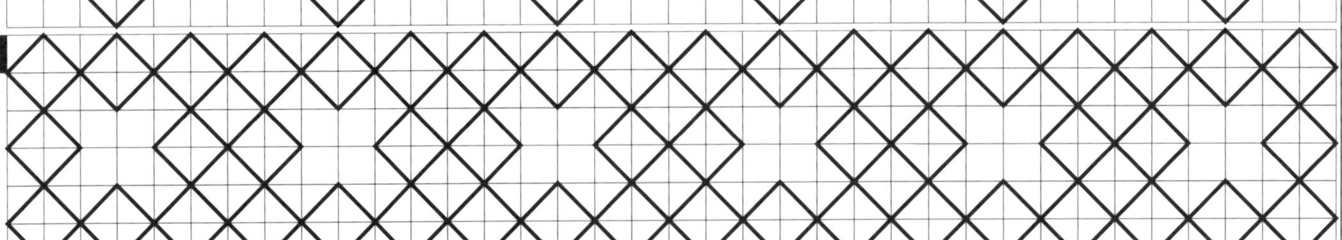

C

Kohls Stationenlernen Mathematik / 5. Schuljahr - Bestell-Nr. 11 591

Station E

!

Runden von Zahlen

A Runde jeweils an der Zehnerstelle.

293 ≈
6 346 ≈
108 ≈
52 ≈
29 997 ≈

B Runde jeweils an der Hunderterstelle.

1 232 ≈
1 899 ≈
35 457 ≈
6 749 ≈
551 ≈

C Runde jeweils an der Tausenderstelle.

35 457 ≈
67 201 ≈
96 941 ≈
110 498 ≈
279 501 ≈

D Runde jeweils an der Zehntausenderstelle.

645 879 ≈
123 987 ≈
765 012 ≈
78 100 ≈
49 777 ≈

E Runde jeweils an der Hunderttausenderstelle.

5 682 501 ≈
8 601 699 ≈
6 381 040 ≈
5 954 284 ≈
415 321 ≈

F Runde jeweils auf die volle Million.

60 668 043 ≈
48 057 251 ≈
33 830 288 ≈
49 155 276 ≈
29 511 950 ≈

Station P

!

Teilbarkeit von Zahlen

Setzt ein Häkchen, wenn die Zahl in der oberen Zeile ein Teiler der Zahl in der linken Spalte ist.

A

teilbar	2	3	4	5	10
25					
28					
42					
48					
52					
60					
80					
112					
120					
180					

B

teilbar	3	6	8	9	12
11					
30					
48					
72					
144					
216					
318					
424					
648					
864					

Station E

Runden von Zahlen

A Runde jeweils an der Zehnerstelle.

293	≈	290
6 346	≈	6350
108	≈	110
52	≈	50
29 997	≈	30000

B Runde jeweils an der Hunderterstelle.

1 232	≈	1200
1 899	≈	1900
35 457	≈	35500
6 749	≈	6700
551	≈	600

C Runde jeweils an der Tausenderstelle.

35 457	≈	35 000
67 201	≈	67 000
96 941	≈	97 000
110 498	≈	110 000
279 501	≈	280 000

D Runde jeweils an der Zehntausenderstelle.

645 879	≈	650 000
123 987	≈	120 000
765 012	≈	770 000
78 100	≈	80 000
49 777	≈	50 000

E Runde jeweils an der Hunderttausenderstelle.

5 682 501	≈	5 700 000
8 601 699	≈	8 600 000
6 381 040	≈	6 400 000
5 954 284	≈	6 000 000
415 321	≈	400 000

F Runde jeweils auf die volle Million.

60 668 043	≈	61 000 000
48 057 251	≈	48 000 000
33 830 288	≈	34 000 000
49 155 276	≈	49 000 000
29 511 950	≈	30 000 000

Kohls Stationenlernen Mathematik / 5. Schuljahr - Bestell-Nr. 11 591

Station P

Teilbarkeit von Zahlen

Setzt ein Häkchen, wenn die Zahl in der oberen Zeile ein Teiler der Zahl in der linken Spalte ist.

A

teilbar	2	3	4	5	10
25				✓	
28	✓		✓		
42	✓	✓			
48	✓	✓	✓		
52	✓		✓		
60	✓	✓	✓	✓	✓
80	✓		✓	✓	✓
112	✓		✓		
120	✓	✓	✓	✓	✓
180	✓	✓	✓	✓	✓

B

teilbar	3	6	8	9	12
11					
30	✓	✓			
48	✓	✓	✓		✓
72	✓	✓	✓	✓	✓
144	✓	✓	✓	✓	✓
216	✓	✓	✓	✓	✓
318	✓	✓			
424			✓		
648	✓	✓	✓	✓	✓
864	✓	✓	✓	✓	✓

Kohls Stationenlernen Mathematik / 5. Schuljahr - Bestell-Nr. 11 591

E

Station

Additions- und Subtraktionstabellen

Übertrage die Tabellen in dein Heft und fülle sie aus. Schaffst du alle Aufgaben im Kopf?

A

		2. Summand			
	+	362	616	811	422
1. Summand	941				
	578				
	845				
	510				
	761				
	497				
	282				
	612				
	643				

B

		Subtrahend			
	–	117	194	248	412
Minuend	553				
	656				
	719				
	757				
	805				
	826				
	871				
	914				
	966				

Kohls Stationenlernen Mathematik / 5. Schuljahr - Bestell-Nr. 11 591

E

Station

Subtraktion mehrerer Subtrahenden

Subtrahiere schriftlich. Die Buchstaben bei den richtigen Antworten ergeben ein Lösungswort.

A

	9	2	2
–	1	2	1
–	4	2	5

○ 376 (E) ○ 276 (H) ○ 366 (P)

B

	9	6	7
–	1	4	2
–	3	5	8

○ 567 (A) ○ 407 (I) ○ 477 (U)

C

	8	9	1
–	4	4	3
–	1	0	5

○ 243 (R) ○ 343 (N) ○ 443 (F)

D

	9	0	4
–	4	2	9
–	3	6	8

○ 207 (A) ○ 117 (L) ○ 107 (S)

E

	8	4	8
–	3	2	4
–	1	3	4

○ 390 (I) ○ 490 (M) ○ 400 (A)

F

	9	8	1
–	2	7	3
–	3	8	9

○ 309 (A) ○ 319 (E) ○ 419 (T)

G

	8	0	1
–	1	6	7
–	1	8	5

○ 439 (R) ○ 349 (T) ○ 449 (D)

H

	8	2	3
–	3	5	5
–	1	1	8

○ 450 (A) ○ 350 (L) ○ 340 (I)

I

	9	4	6
–	2	4	9
–	1	9	5

○ 502 (E) ○ 602 (B) ○ 512 (C)

J

	7	1	4
–	2	3	6
–	3	2	2

○ 156 (R) ○ 146 (H) ○ 256 (O)

Lösungswort:

A	B	C	D	E	F	G	H	I	J

E

Station

Additions- und Subtraktionstabellen

Übertrage die Tabellen in dein Heft und fülle sie aus. Schaffst du alle Aufgaben im Kopf?

A

		2. Summand			
	+	**362**	**616**	**811**	**422**
1. Summand	**941**	1303	1557	1752	1363
	578	940	1194	1389	1000
	845	1207	1461	1656	1267
	510	872	1126	1321	932
	761	1123	1377	1572	1183
	497	859	1113	1308	919
	282	644	898	1093	704
	612	974	1228	1423	1034
	643	1005	1259	1454	1065

B

		Subtrahend			
	–	**117**	**194**	**248**	**412**
Minuend	**553**	436	359	305	141
	656	539	462	408	244
	719	602	525	471	307
	757	640	563	509	345
	805	688	611	557	393
	826	709	632	578	414
	871	754	677	623	459
	914	797	720	666	502
	966	849	772	718	554

E

Station

Subtraktion mehrerer Subtrahenden

Subtrahiere schriftlich. Die Buchstaben bei den richtigen Antworten ergeben ein Lösungswort.

A

	9	2	2
–	1	2	1
–	4	2	5
	3	7	6

☒ 376 (E)

B

	9	6	7
–	1	4	2
–	3	5	8
	4	6	7

☒ 467 (I)

C

	8	9	1
–	4	4	3
–	1	0	5
	3	4	3

☒ 343 (N)

D

	9	0	4
–	4	2	9
–	3	6	8
	1	0	7

☒ 107 (S)

E

	8	4	8
–	3	2	4
–	1	3	4
	3	9	0

☒ 390 (I)

F

	9	8	1
–	2	7	3
–	3	8	9
	3	1	9

☒ 319 (E)

G

	8	0	1
–	1	6	7
–	1	8	5
	4	4	9

☒ 449 (D)

H

	8	2	3
–	3	5	5
–	1	1	8
	3	5	0

☒ 350 (L)

I

	9	4	6
–	2	4	9
–	1	9	5
	5	0	2

☒ 502 (E)

J

	7	1	4
–	2	3	6
–	3	2	2
	1	5	6

☒ 156 (R)

Lösungswort:

A	B	C	D	E	F	G	H	I	J
E	I	N	S	I	E	D	L	E	R

Kohls Stationenlernen Mathematik / 5. Schuljahr - Bestell-Nr. 11 591

Kohls Stationenlernen Mathematik / 5. Schuljahr - Bestell-Nr. 11 591

E

Station

Runden von Zahlen

Gib die Länge der Flüsse an. Runde auf die Tausenderstelle.

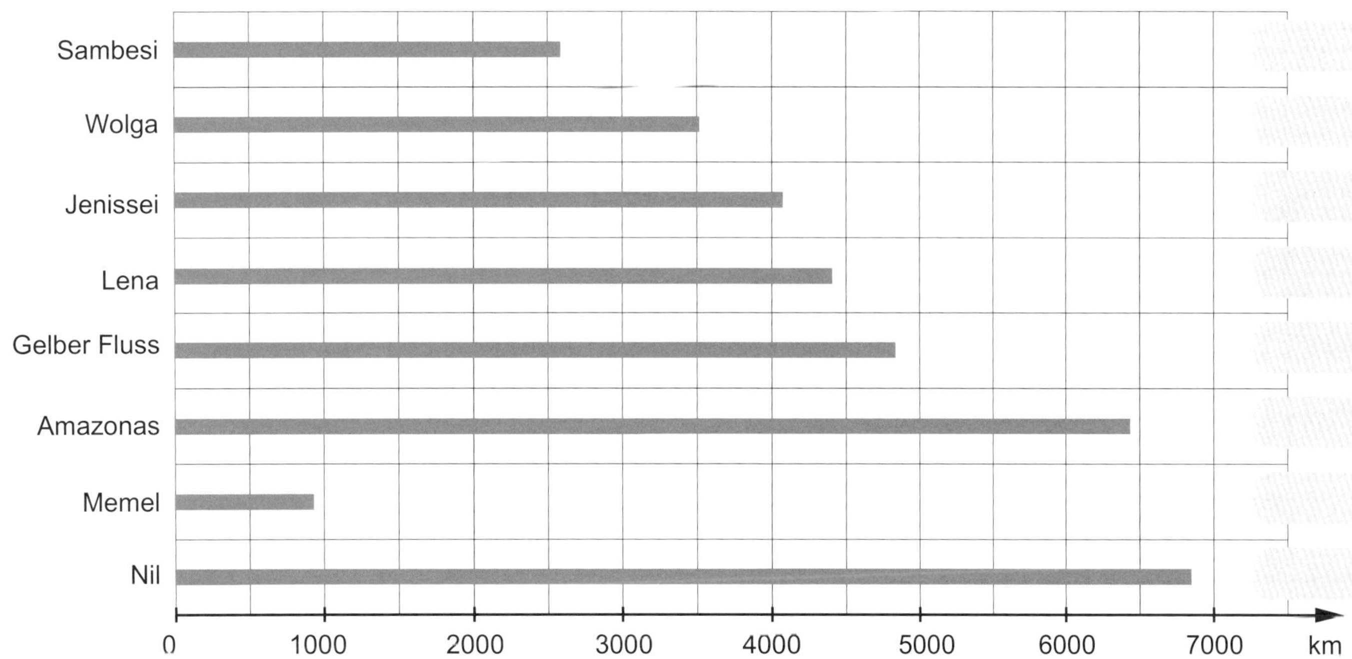

Kohls Stationenlernen Mathematik / 5. Schuljahr - Bestell-Nr. 11 591

E

Station

Runden von Zahlen

Gib die Höhe der Gebäude an. Runde auf die Hunderterstelle.

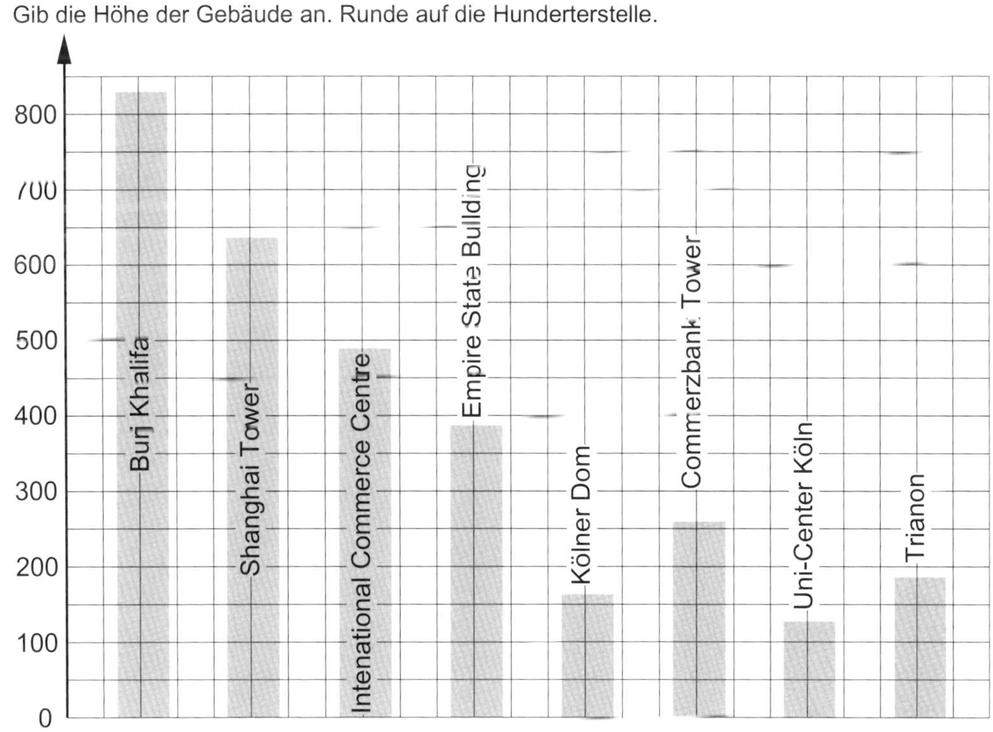

Burj Khalifa

Shanghai Tower

International Commerce Centre

Empire State Building

Kölner Dom

Commerzbank Tower

Uni-Center Köln

Trianon

Station

E

Runden von Zahlen

Gib die Länge der Flüsse an. Runde auf die Tausenderstelle.

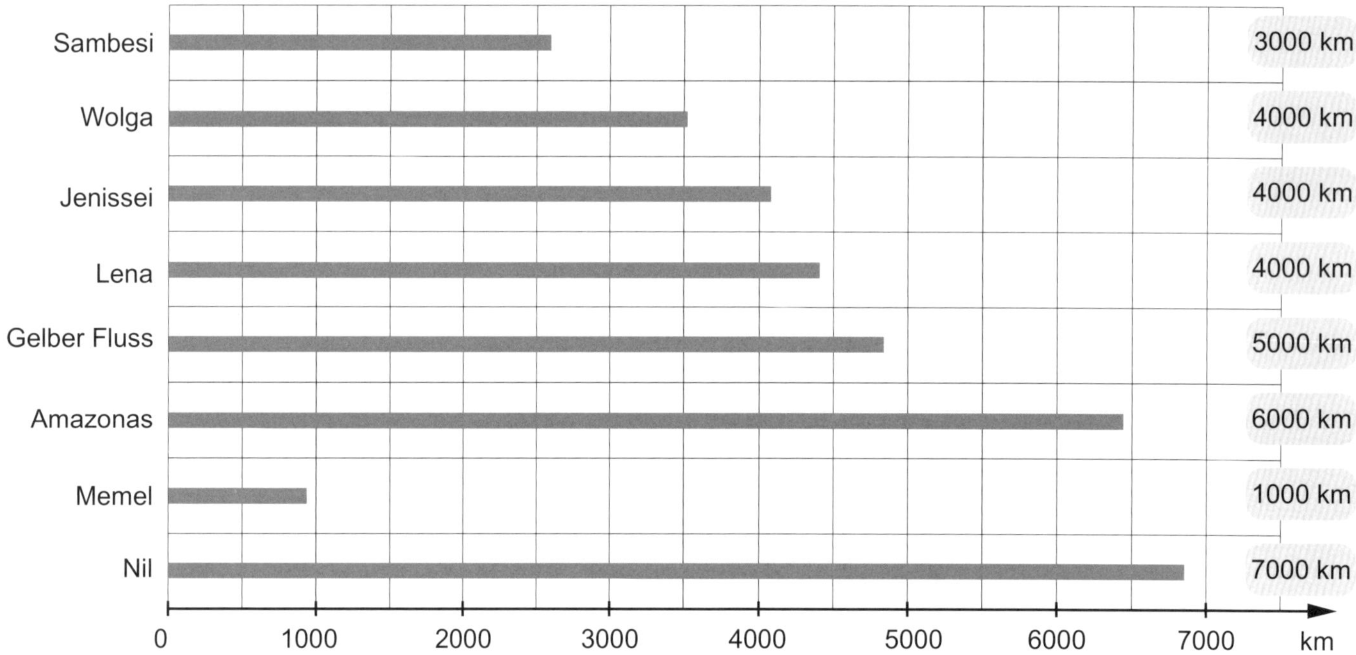

- Sambesi: 3000 km
- Wolga: 4000 km
- Jenissei: 4000 km
- Lena: 4000 km
- Gelber Fluss: 5000 km
- Amazonas: 6000 km
- Memel: 1000 km
- Nil: 7000 km

!

Kohls Stationenlernen Mathematik / 5. Schuljahr - Bestell-Nr. 11 591

Station

E

Runden von Zahlen

Gib die Höhe der Gebäude an. Runde auf die Hunderterstelle.

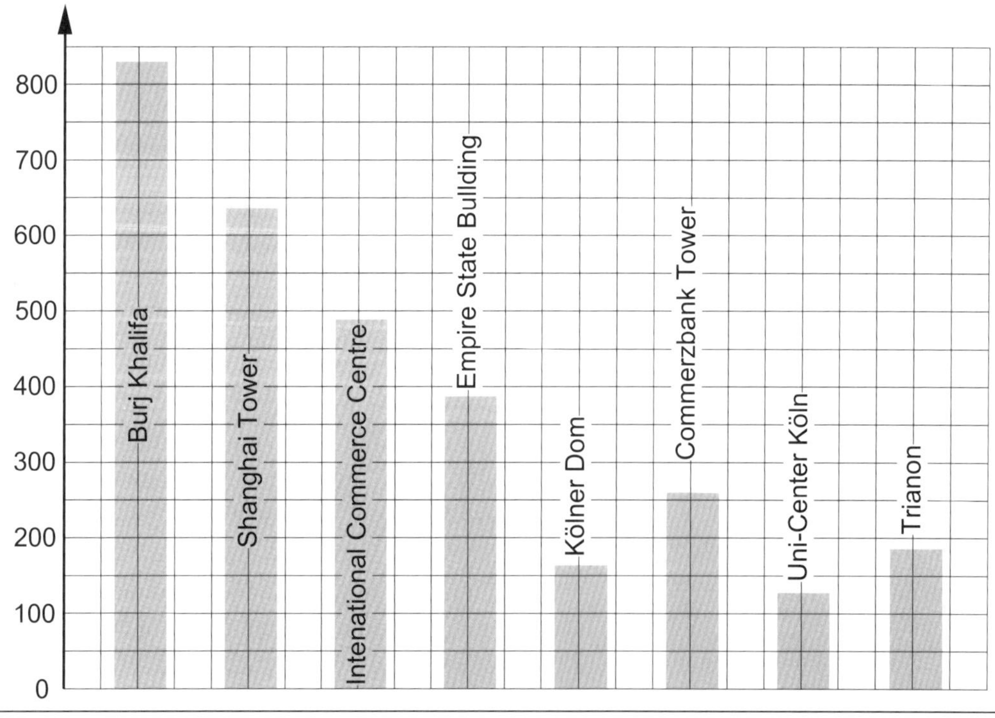

!

Burj Khalifa
800
Shanghai Tower
600
International Commerce Centre
500
Empire State Building
400
Kölner Dom
200
Commerzbank Tower
300
Uni-Center Köln
100
Trianon
200

Kohls Stationenlernen Mathematik / 5. Schuljahr - Bestell-Nr. 11 591

Station P

Das Zweiersystem

Schreibt die Zahlen aus dem Dualsystem in das Zehnersystem. Die Kennbuchstaben der richtigen Antworten ergeben ein Lösungswort.

Hilfe:

2^8	2^7	2^6	2^5	2^4	2^3	2^2	2^1	2^0
256	128	64	32	16	8	4	2	1

A 1101_2 =
- ◯ 11 (S)
- ◯ 12 (P)
- ◯ 13 (B)

B 11101_2 =
- ◯ 28 (H)
- ◯ 29 (E)
- ◯ 30 (A)

C 101_2 =
- ◯ 5 (R)
- ◯ 6 (L)
- ◯ 7 (B)

D 1111_2 =
- ◯ 15 (G)
- ◯ 16 (Ä)
- ◯ 17 (M)

E 10101_2 =
- ◯ 19 (O)
- ◯ 20 (K)
- ◯ 21 (F)

F 110010_2 =
- ◯ 50 (Ü)
- ◯ 51 (G)
- ◯ 52 (N)

G 111011_2 =
- ◯ 57 (R)
- ◯ 58 (I)
- ◯ 59 (H)

H 101001_2 =
- ◯ 40 (D)
- ◯ 41 (R)
- ◯ 42 (A)

I 11111_2 =
- ◯ 31 (E)
- ◯ 32 (K)
- ◯ 33 (P)

J 110011_2 =
- ◯ 50 (H)
- ◯ 51 (R)
- ◯ 52 (N)

Lösungswort:

A	B	C	D	E	F	G	H	I	J

Kohls Stationenlernen Mathematik / 5. Schuljahr - Bestell-Nr. 11 591

Station P

Das Zweiersystem

Schreibt die Zahlen des Zehnersystem in das Zweiersystem. Die Kennbuchstaben der richtigen Antworten ergeben ein Lösungswort.

Hilfe:

2^8	2^7	2^6	2^5	2^4	2^3	2^2	2^1	2^0
256	128	64	32	16	8	4	2	1

A 27 =
- ◯ 11011_2 (R)
- ◯ 11101_2 (V)
- ◯ 11110_2 (S)

B 45 =
- ◯ 101111_2 (I)
- ◯ 110101_2 (E)
- ◯ 101101_2 (A)

C 58 =
- ◯ 111011_2 (X)
- ◯ 111010_2 (D)
- ◯ 111001_2 (T)

D 67 =
- ◯ 1000111_2 (I)
- ◯ 1000001_2 (Z)
- ◯ 1000011_2 (F)

E 73 =
- ◯ 1001001_2 (A)
- ◯ 1010011_2 (K)
- ◯ 1000011_2 (E)

F 80 =
- ◯ 1010000_2 (H)
- ◯ 1110000_2 (I)
- ◯ 1011000_2 (R)

G 85 =
- ◯ 1010111_2 (S)
- ◯ 1100001_2 (B)
- ◯ 1010101_2 (R)

H 93 =
- ◯ 1010101_2 (I)
- ◯ 1011101_2 (W)
- ◯ 1101011_2 (S)

I 97 –
- ◯ 1100001_2 (E)
- ◯ 1100011_2 (L)
- ◯ 1100101_2 (B)

J 107 =
- ◯ 1101001_2 (N)
- ◯ 1101011_2 (G)
- ◯ 1101101_2 (D)

Lösungswort:

A	B	C	D	E	F	G	H	I	J

Station

Das Zweiersystem

Schreibt die Zahlen aus dem Dualsystem in das Zehnersystem. Die Kennbuchstaben der richtigen Antworten ergeben ein Lösungswort.

Hilfe:

2^8	2^7	2^6	2^5	2^4	2^3	2^2	2^1	2^0
256	128	64	32	16	8	4	2	1

A 1101_2 = 13 — ☒ 13 (B)

B 11101_2 = 29 — ☒ 29 (E)

C 101_2 = 5 — ☒ 5 (R)

D 1111_2 = 15 — ☒ 15 (G)

E 10101_2 = 21 — ☒ 21 (F)

F 110010_2 = 50 — ☒ 50 (Ü)

G 111011_2 = 59 — ☒ 59 (H)

H 101001_2 = 41 — ☒ 41 (R)

I 11111_2 = 31 — ☒ 31 (E)

J 110011_2 = 51 — ☒ 51 (R)

Lösungswort:

A	B	C	D	E	F	G	H	I	J
B	E	R	G	F	Ü	H	R	E	R

Station

Das Zweiersystem

Schreibt die Zahlen des Zehnersystem in das Zweiersystem. Die Kennbuchstaben der richtigen Antworten ergeben ein Lösungswort.

Hilfe:

2^8	2^7	2^6	2^5	2^4	2^3	2^2	2^1	2^0
256	128	64	32	16	8	4	2	1

A 27 = 11011_2 — ☒ 11011_2 (R)

B 45 = 101101_2 — ☒ 101101_2 (A)

C 58 = 111010_2 — ☒ 111010_2 (D)

D 67 = 1000011_2 — ☒ 1000011_2 (F)

E 73 = 1001001_2 — ☒ 1001001_2 (A)

F 80 = 1010000_2 — ☒ 1010000_2 (H)

G 85 = 1010101_2 — ☒ 1010101_2 (R)

H 93 = 1011101_2 — ☒ 1011101_2 (W)

I 97 = 1100001_2 — ☒ 1100001_2 (E)

J 107 = 1101011_2 — ☒ 1101011_2 (G)

Lösungswort:

A	B	C	D	E	F	G	H	I	J
R	A	D	F	A	H	R	W	E	G

Kohls Stationenlernen Mathematik / 5. Schuljahr - Bestell-Nr. 11 591

Station E

Zahlwörter

Schreibe die Zahlwörter mit Ziffern.

- **A** SIEBENHUNDERTFÜNFUNDSIEBZIGTAUSENDSIEBENHUNDERTACHTUNDSECHZIG
- **B** FÜNFUNDVIERZIGTAUSENDDREIHUNDERTSIEBENUNDNEUNZIG
- **C** SIEBEN MILLIONEN ACHTHUNDERTDREIUNDSECHZIGTAUSENDNEUNZEHN
- **D** VIERHUNDERTTAUSENDEINHUNDERTVIERUNDACHTZIG
- **E** ELF MILLIONEN EINHUNDERTDREIUNDFÜNFZIGTAUSENDELF
- **F** ACHTHUNDERTZWEIUNDNEUNZIGTAUSENDSECHSHUNDERTZWANZIG
- **G** ZWEIHUNDERTSIEBENTAUSENDDREIHUNDERTEINS
- **H** ACHTUNDACHTZIGTAUSENDACHTHUNDERTACHTUNDSIEBZIG
- **I** VIERHUNDERTVIERUNDZWANZIGTAUSENDNEUNHUNDERTVIERZEHN
- **J** SECHSUNDACHTZIGTAUSENDZWEIHUNDERTNEUNUNDNEUNZIG

Kohls Stationenlernen Mathematik / 5. Schuljahr - Bestell-Nr. 11 591

Station E

Kleiner, größer oder gleich?

Setze das entsprechende Zeichen (<, > oder =) ein. Die Kennbuchstaben der richtigen Antworten ergeben ein Lösungswort.

Lösungswort:

	Aufgabe		<	>	=	Lösungswort
A	8 HT 2 T 6 H 7 E	802608	(N)	(P)	(F)	A
B	49 – 19 – 16	49 – (19 + 16)	(R)	(L)	(A)	B
C	$8 \cdot 100 + 7 \cdot 10 + 3 \cdot 1$	871	(P)	(C)	(A)	C
D	$9 \cdot 10^3 + 2 \cdot 10^2 + 3 \cdot 10^1$	9230	(G)	(I)	(H)	D
E	$2 \cdot 10000 + 4 \cdot 1000 + 5 \cdot 100$	20450	(K)	(B)	(E)	E
F	183 + 257 + 96	261 + 91 + 185	(A)	(B)	(M)	F
G	3 h 56 min	226 min	(L)	(R)	(O)	G
H	3 t 56 kg	3560 kg	(O)	(G)	(M)	H
I	3 m 7 dm	370 cm	(C)	(E)	(R)	I
J	XLV	XXXII	(K)	(T)	(N)	J

Station E

Zahlwörter

!

A	SIEBENHUNDERTFÜNFUNDSIEBZIGTAUSENDSIEBENHUNDERTACHTUNDSECHZIG	775 768
B	FÜNFUNDVIERZIGTAUSENDDREIHUNDERTSIEBENUNDNEUNZIG	45 397
C	SIEBEN MILLIONEN ACHTHUNDERTDREIUNDSECHZIGTAUSENDNEUNZEHN	7 863 019
D	VIERHUNDERTTAUSENDEINHUNDERTVIERUNDACHTZIG	400 184
E	ELF MILLIONEN EINHUNDERTDREIUNDFÜNFZIGTAUSENDELF	11 153 011
F	ACHTHUNDERTZWEIUNDNEUNZIGTAUSENDSECHSHUNDERTZWANZIG	892 620
G	ZWEIHUNDERTSIEBENTAUSENDDREIHUNDERTEINS	207 301
H	ACHTUNDACHTZIGTAUSENDACHTHUNDERTACHTUNDSIEBZIG	88 878
I	VIERHUNDERTVIERUNDZWANZIGTAUSENDNEUNHUNDERTVIERZEHN	424 914
J	SECHSUNDACHTZIGTAUSENDZWEIHUNDERTNEUNUNDNEUNZIG	86 299

Kohls Stationenlernen Mathematik / 5. Schuljahr - Bestell-Nr. 11 591

Station E

Kleiner, größer oder gleich?

!

Setze das entsprechende Zeichen (<, > oder =) ein. Die Kennbuchstaben der richtigen Antworten ergeben ein Lösungswort.

	Aufgabe	Antwort		Lösungswort
A	8 HT 2 T 6 H 7 E $<$ 802608	$<$ (N)	A	N
B	49 – 19 – 16 $=$ 49 – (19 + 16)	$=$ (A)	B	A
C	8 • 100 + 7 • 10 + 3 • 1 $>$ 871	$>$ (C)	C	C
D	$9 \cdot 10^3 + 2 \cdot 10^2 + 3 \cdot 10^1 = 9230$	$=$ (H)	D	H
E	2 • 10000 + 4 • 1000 + 5 • 100 $>$ 20450	$>$ (B)	E	B
F	183 + 257 + 96 $<$ 261 + 91 + 185	$<$ (A)	F	A
G	3 h 56 min $>$ 226 min	$>$ (R)	G	R
H	3 t 56 kg $<$ 3560 kg	$<$ (O)	H	O
I	3 m 7 dm $=$ 370 cm	$=$ (R)	I	R
J	XLV $>$ XXXII	$>$ (T)	J	T

Kohls Stationenlernen Mathematik / 5. Schuljahr - Bestell-Nr. 11 591

Kohls Stationenlernen Mathematik / 5. Schuljahr - Bestell-Nr. 11 591

Station

Das Koordinatensystem

Tragt die angegebenen Punkte in das Koordinatensystem ein.

A A(2|5), B(0|4), C(5|6), D(6|0), E(3|7), F(4|1), G(1|2), H(7|3)

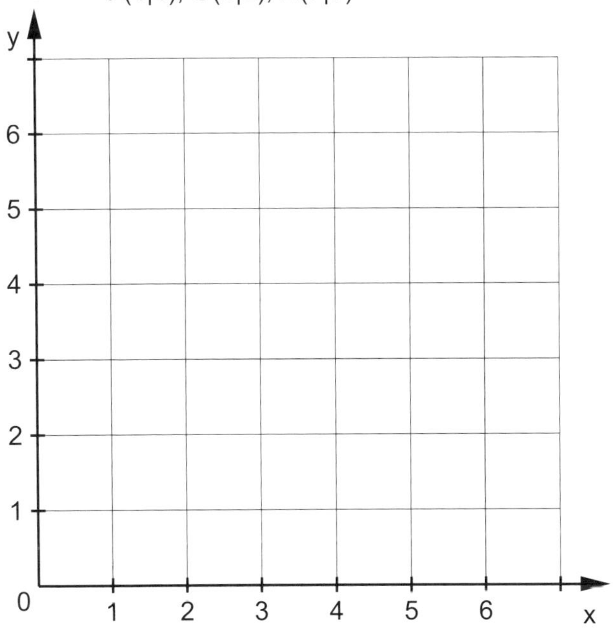

B A(5|2), B(4|0), C(6|5), D(0|6), E(7|3), F(1|4), G(2|1), H(3|7)

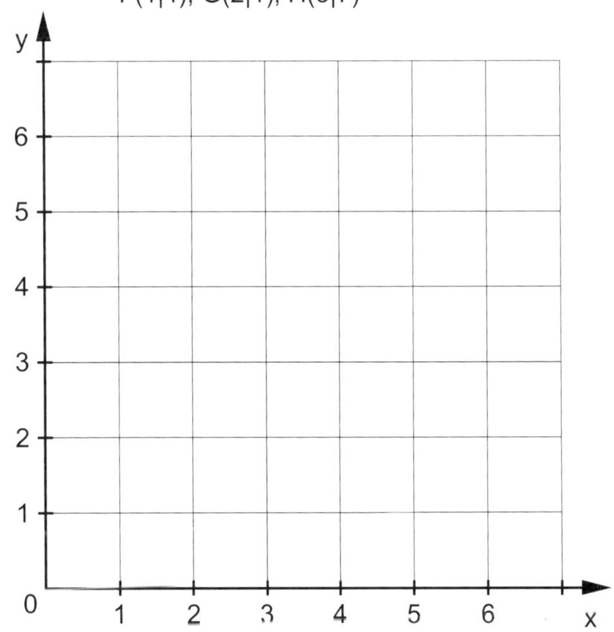

Kohls Stationenlernen Mathematik / 5. Schuljahr - Bestell-Nr. 11 591

Station

Das Koordinatensystem

Bestimmt die fehlenden Koordinaten der Punkte.

A

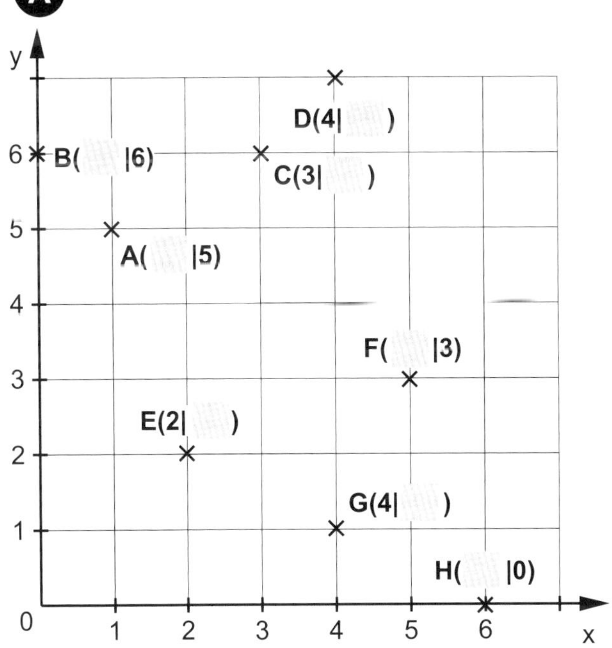

B

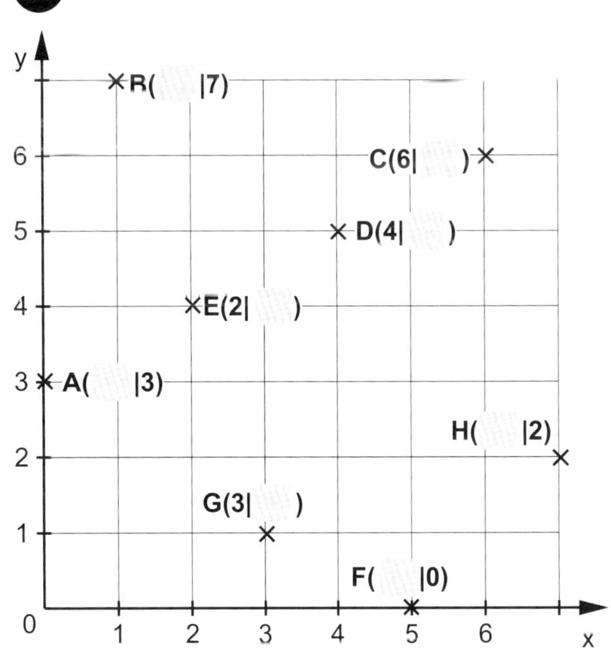

Station

Das Koordinatensystem

Tragt die angegebenen Punkte in das Koordinatensystem ein.

A A(2|5), B(0|4), C(5|6), D(6|0), E(3|7), F(4|1), G(1|2), H(7|3)

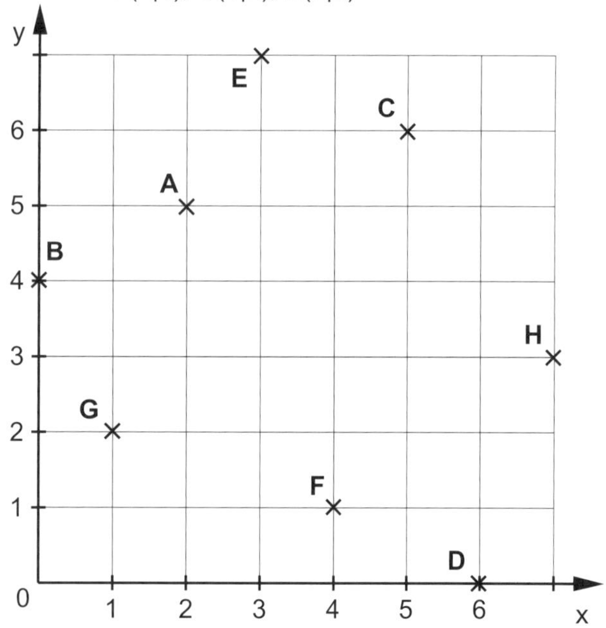

B A(5|2), B(4|0), C(6|5), D(0|6), E(7|3), F(1|4), G(2|1), H(3|7)

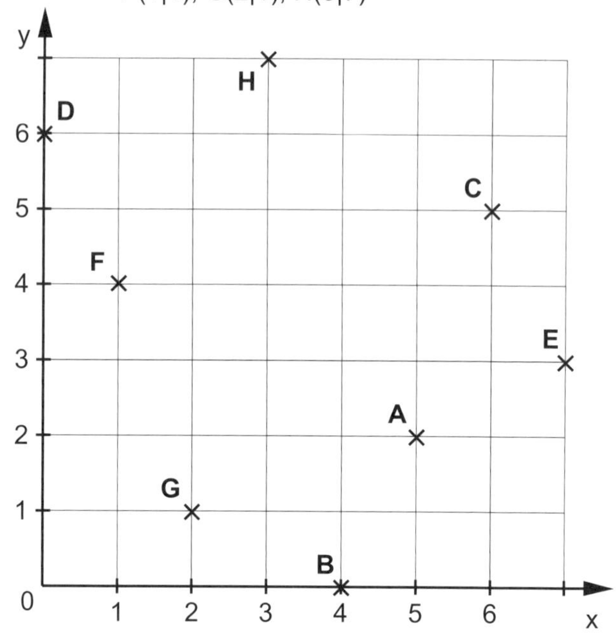

Station

Das Koordinatensystem

Bestimmt die fehlenden Koordinaten der Punkte.

A

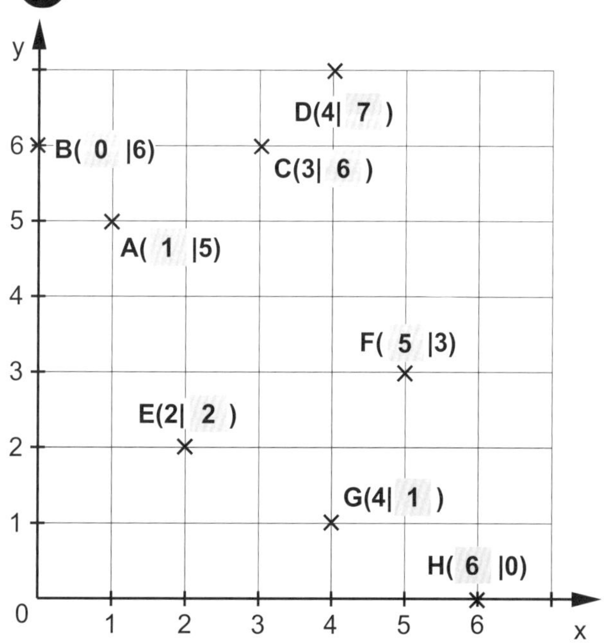

B

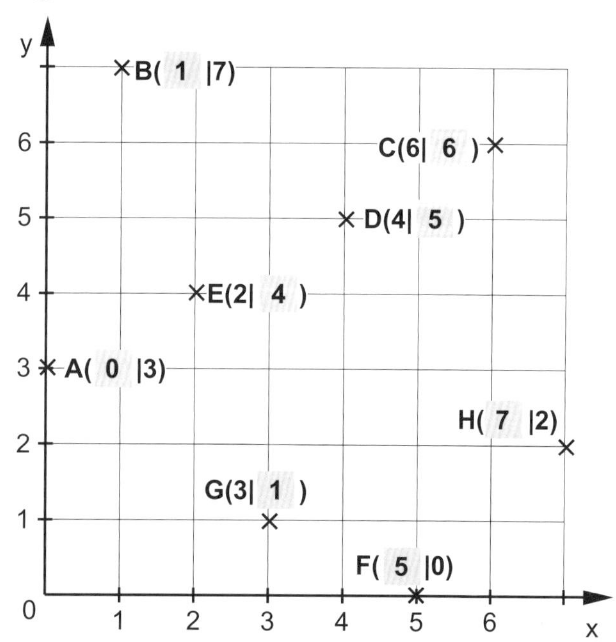

Kohls Stationenlernen Mathematik / 5. Schuljahr - Bestell-Nr. 11 591

E

Station

Schriftliche Multiplikation

Multipliziere schriftlich. Die Kennbuchstaben bei den richtigen Ergebnissen liefern dir das Lösungswort.

A 84 • 56

B	H	P
4604	4704	4804

B 79 • 58

E	A	I
4582	4482	4682

C 87 • 93

S	R	I
8191	7991	8091

D 58 • 67

A	M	L
3968	3786	3886

E 75 • 64

B	A	N
4800	4900	4700

F 49 • 72

O	U	R
3428	3528	3538

G 56 • 78

C	T	I
4468	4368	4378

H 89 • 45

T	A	K
4005	3995	4015

A	B	C	D	E	F	G	H

Lösungswort:

Kohls Stationenlernen Mathematik / 5. Schuljahr - Bestell-Nr. 11 591

E

Station

Schriftliche Multiplikation

Multipliziere schriftlich. Die Kennbuchstaben bei den richtigen Ergebnissen liefern dir das Lösungswort.

A 891 • 98

S	E	K
86318	87418	87318

B 763 • 27

Ä	R	L
20601	20501	21601

C 388 • 83

O	S	L
32104	32204	32214

D 252 • 25

K	E	W
6400	6300	6100

E 845 • 95

A	E	Ö
81275	80275	80375

F 784 • 61

N	K	C
47724	48824	47824

G 516 • 39

K	E	I
20124	19124	20024

H 822 • 92

G	E	I
74624	75624	75524

A	B	C	D	E	F	G	H

Lösungswort:

E

Station

Schriftliche Multiplikation

Multipliziere schriftlich. Die Kennbuchstaben bei den richtigen Ergebnissen liefern dir das Lösungswort.

A

8	4	•	5	6
	4	2	0	
		5	0	4
	4	7	0	4

H 4704

B

7	9	•	5	8
	3	9	5	
		6	3	2
	4	5	8	2

E 4582

C

8	7	•	9	3
	7	8	3	
		2	6	1
	8	0	9	1

I 8091

D

5	8	•	6	7
	3	4	8	
		4	0	6
	3	8	8	6

L 3886

E

7	5	•	6	4
	4	5	0	
		3	0	0
	4	8	0	0

B 4800

F

4	9	•	7	2
	3	4	3	
			9	8
	3	5	2	8

U 3528

G

5	6	•	7	8
	3	9	2	
		4	4	8
	4	3	6	8

T 4368

H

8	9	•	4	5
	3	5	6	
		4	4	5
	4	0	0	5

T 4005

	A	B	C	D	E	F	G	H
Lösungswort:	H	E	I	L	B	U	T	T

E

Station

Schriftliche Multiplikation

Multipliziere schriftlich. Die Kennbuchstaben bei den richtigen Ergebnissen liefern dir das Lösungswort.

A

8	9	1	•	9	8
	8	0	1	9	
		7	1	2	8
	8	7	3	1	8

K 87318

B

7	6	3	•	2	7
	1	5	2	6	
		5	3	4	1
	2	0	6	0	1

Ä 20601

C

3	8	8	•	8	3
	3	1	0	4	
		1	1	6	4
	3	2	2	0	4

S 32204

D

2	5	2	•	2	5
		5	0	4	
		1	2	6	0
		6	3	0	0

E 6300

E

8	4	5	•	9	5
	7	6	0	5	
		4	2	2	5
	8	0	2	7	5

E 80275

F

7	8	4	•	6	1
	4	7	0	4	
			7	8	4
	4	7	8	2	4

C 47824

G

5	1	6	•	3	9
	1	5	4	8	
		4	6	4	4
	2	0	1	2	4

K 20124

H

8	2	2	•	9	2
	7	3	9	8	
		1	6	4	4
	7	5	6	2	4

E 75624

	A	B	C	D	E	F	G	H
Lösungswort:	K	Ä	S	E	E	C	K	E

Station E

Flächeninhalt Quadrat und Rechteck

Bestimme den Flächeninhalt der einzelnen Quadrate und Rechtecke. Die Kennbuchstaben der richtigen Lösungen liefern dir das Lösungswort.

A

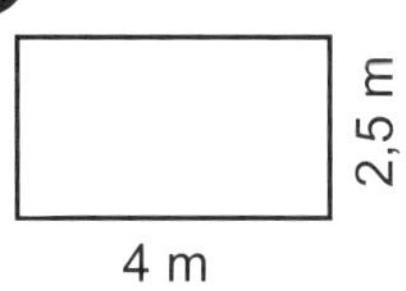

12 m² (P)
7,5 m² (R)
10 m² (D)

B

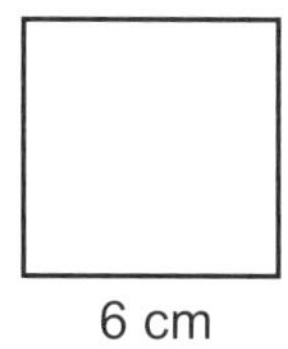

36 cm² (A)
24 cm² (E)
12 cm² (O)

C

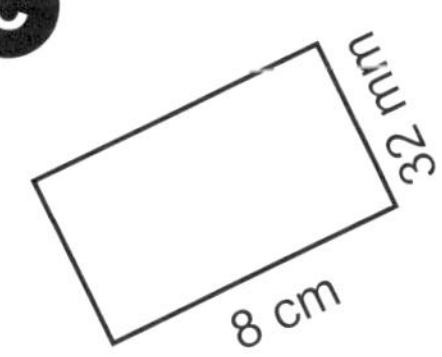

2360 mm² (R)
2560 mm² (C)
2600 mm² (D)

D

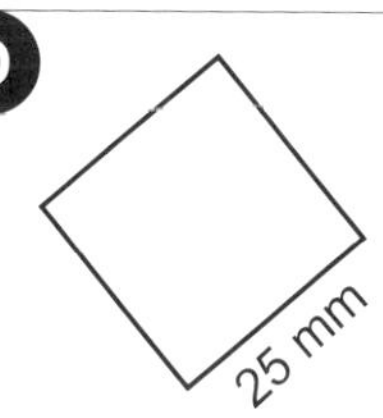

500 mm² (E)
625 mm² (H)
1000 mm² (M)

E

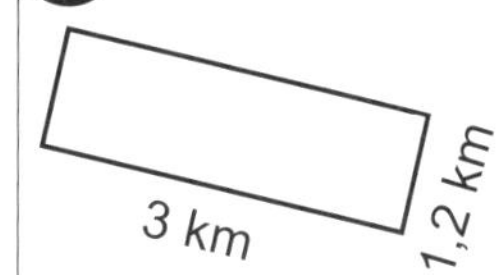

3600000 m² (S)
3200000 m² (E)
4,2 km² (G)

F

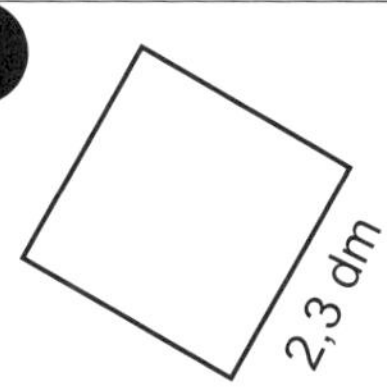

4,6 dm² (S)
529 cm² (B)
8,2 m² (A)

G

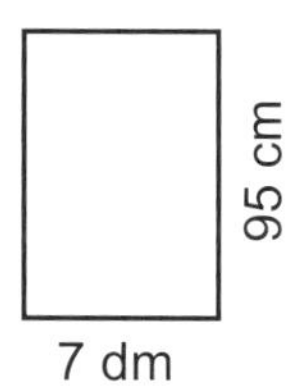

6650 cm² (A)
6600 cm² (Z)
7000 cm² (E)

H

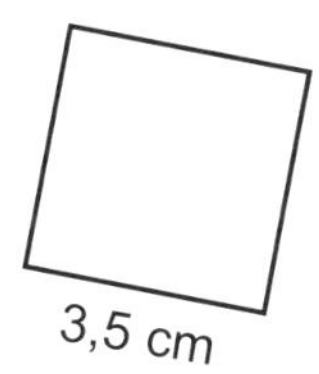

1400 mm² (N)
700 mm² (E)
1225 mm² (U)

Lösungswort:

A	B	C	D	E	F	G	H

Station E

Wie heißen die Flächen?

Ordne den einzelnen Flächen die richtige Bezeichnung zu und verbinde die Aufgaben mit den zugehörigen Lösungen. Aus den Buchstaben, die auf den Verbindungslinien liegen, ergibt sich ein Lösungswort.

A 

B 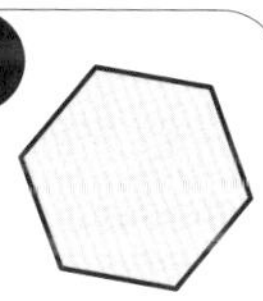

C 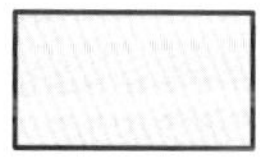

D 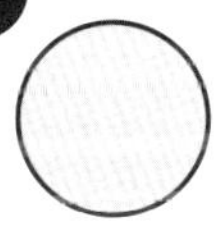

E 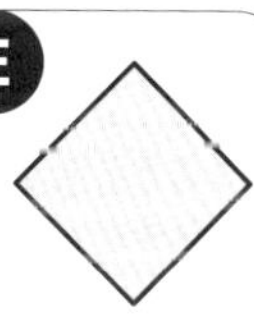

F 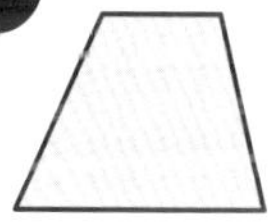

G 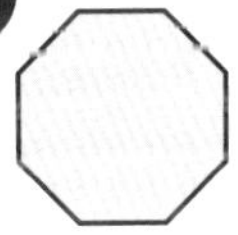

S K B P G
A P II L W
M
R L T O M B
C E
U

Sechseck | Kreis | Dreieck | Rechteck | Achteck | Quadrat | Trapez

Lösungswort:

A	B	C	D	E	F	G

E

Station

Flächeninhalt Quadrat und Rechteck

Bestimme den Flächeninhalt der einzelnen Quadrate und Rechtecke. Die Kennbuchstaben der richtigen Lösungen liefern dir das Lösungswort.

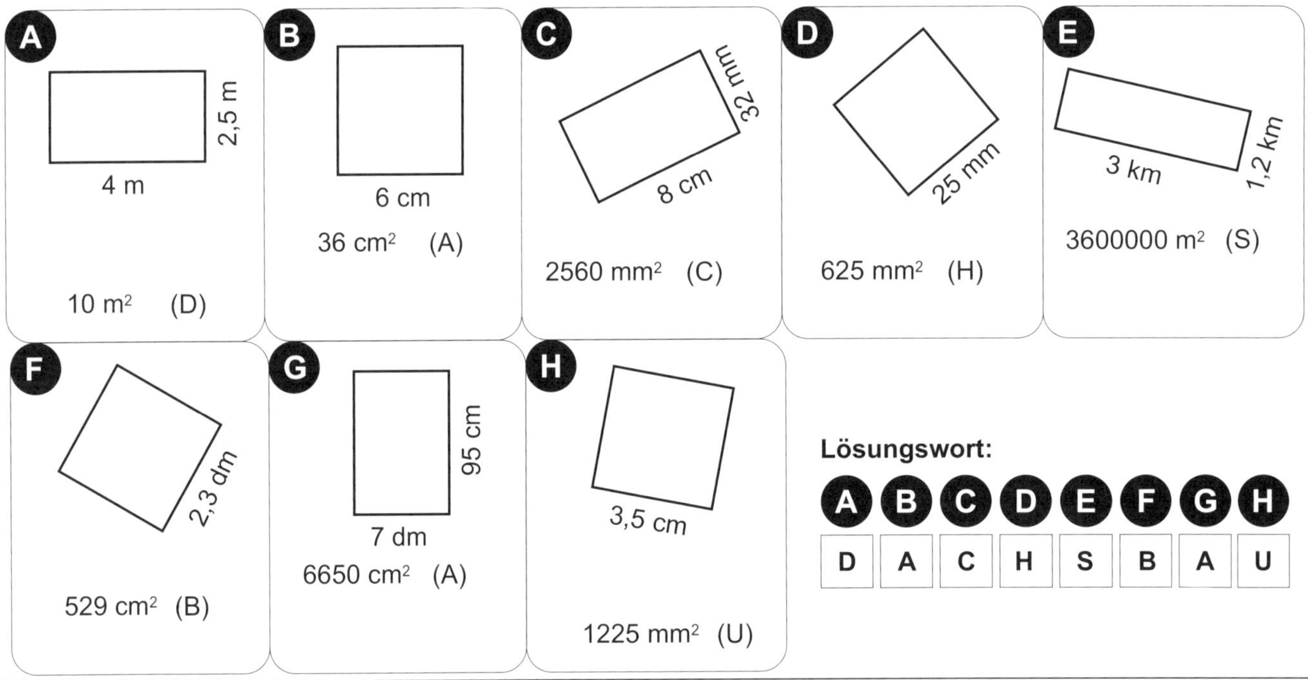

Lösungswort:

A	B	C	D	E	F	G	H
D	A	C	H	S	B	A	U

E

Station

Wie heißen die Flächen?

Ordne den einzelnen Flächen die richtige Bezeichnung zu und verbinde die Aufgaben mit den zugehörigen Lösungen. Aus den Buchstaben, die auf den Verbindungslinien liegen, ergibt sich ein Lösungswort.

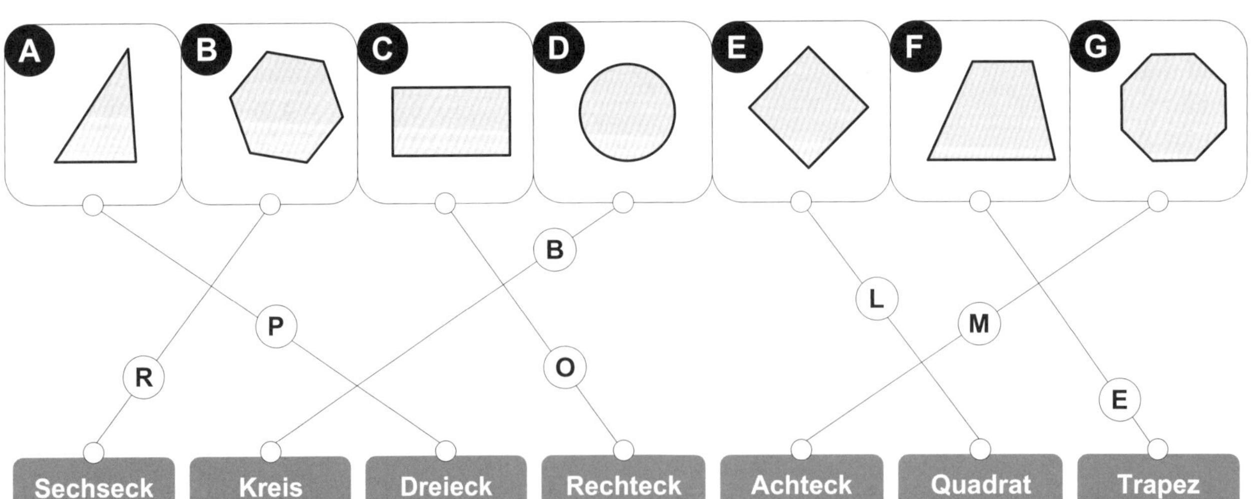

Lösungswort:

A	B	C	D	E	F	G
P	R	O	B	L	E	M

Kohls Stationenlernen Mathematik / 5. Schuljahr - Bestell-Nr. 11 591

Station

Flächenberechnung

Bestimmt den Flächeninhalt der abgebildeten Figuren in Quadratzentimeter (1 Kästchen entspricht 1 cm²).

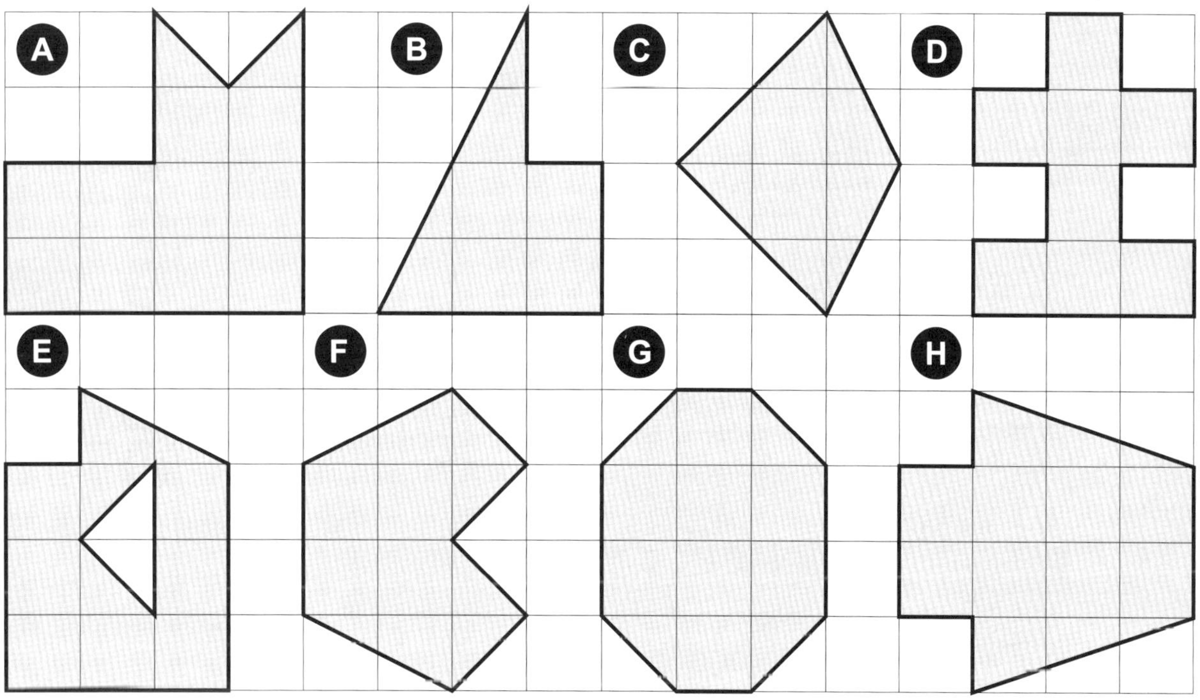

A ____ cm²
B ____ cm²
C ____ cm²
D ____ cm²
E ____ cm²
F ____ cm²
G ____ cm²
H ____ cm²

Station

Berechnung des Umfangs

Gebt den Umfang der einzelnen Figuren an. Die Kennbuchstaben der richtigen Antworten liefern euch das Lösungswort.

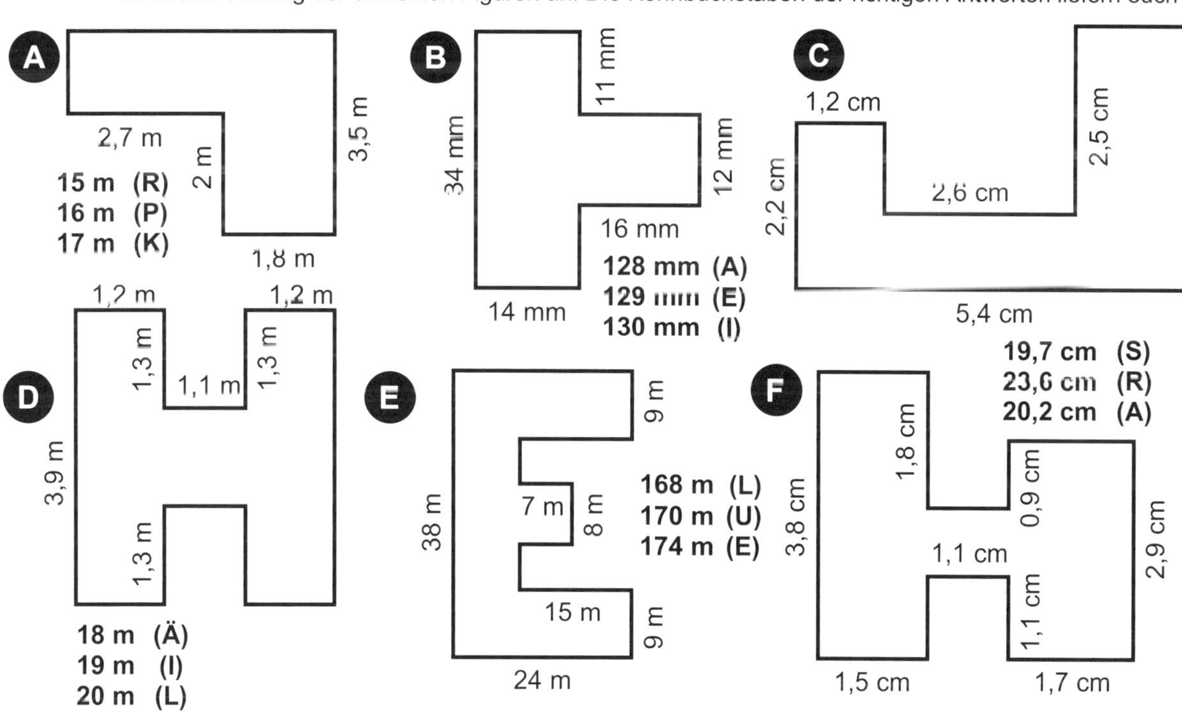

A:
15 m (R)
16 m (P)
17 m (K)

B:
128 mm (A)
129 mm (E)
130 mm (I)

C:
19,2 cm (V)
19,8 cm (R)
20,2 cm (E)

D:
18 m (Ä)
19 m (I)
20 m (L)

E:
168 m (L)
170 m (U)
174 m (E)

F:
19,7 cm (S)
23,6 cm (R)
20,2 cm (A)

Lösungswort:

A	
B	
C	
D	
E	
F	

Kohls Stationenlernen Mathematik / 5. Schuljahr - Bestell-Nr. 11 591

Station

Flächenberechnung

Bestimmt den Flächeninhalt der abgebildeten Figuren in Quadratzentimeter (1 Kästchen entspricht 1 cm²).

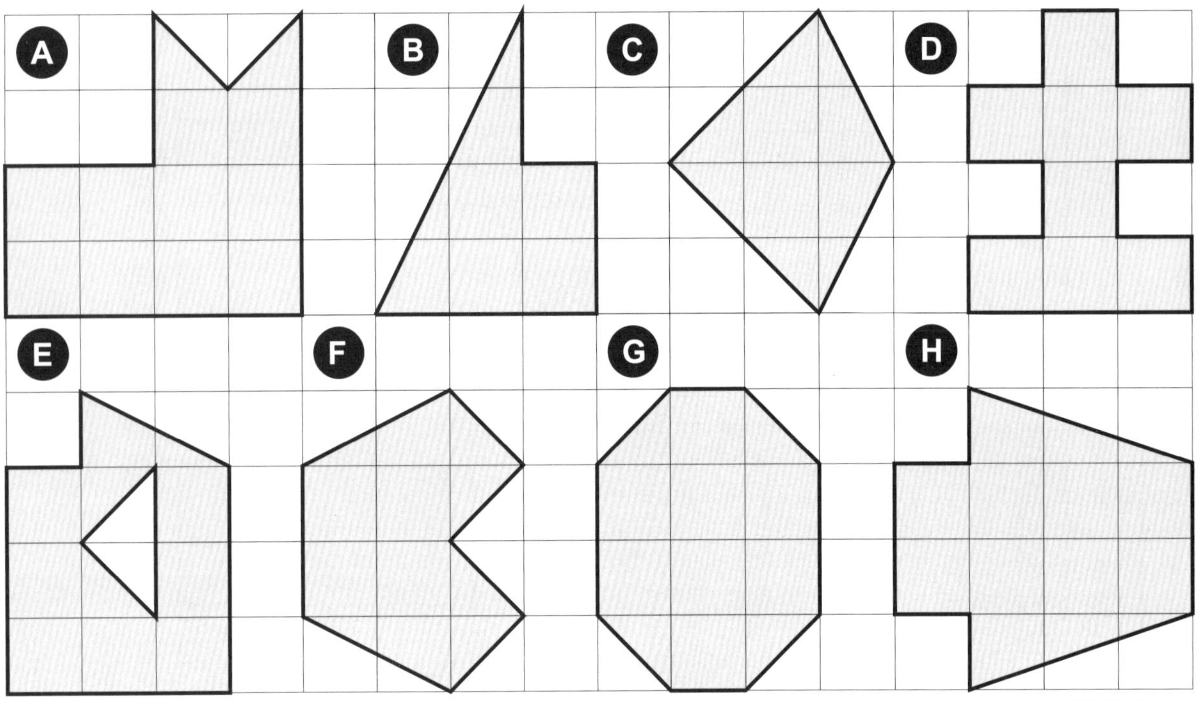

A	11 cm²
B	6 cm²
C	6 cm²
D	8 cm²
E	9 cm²
F	8 cm²
G	10 cm²
H	11 cm²

Kohls Stationenlernen Mathematik / 5. Schuljahr - Bestell-Nr. 11 591

Station

Berechnung des Umfangs

Gebt den Umfang der einzelnen Figuren an. Die Kennbuchstaben der richtigen Antworten liefern euch das Lösungswort.

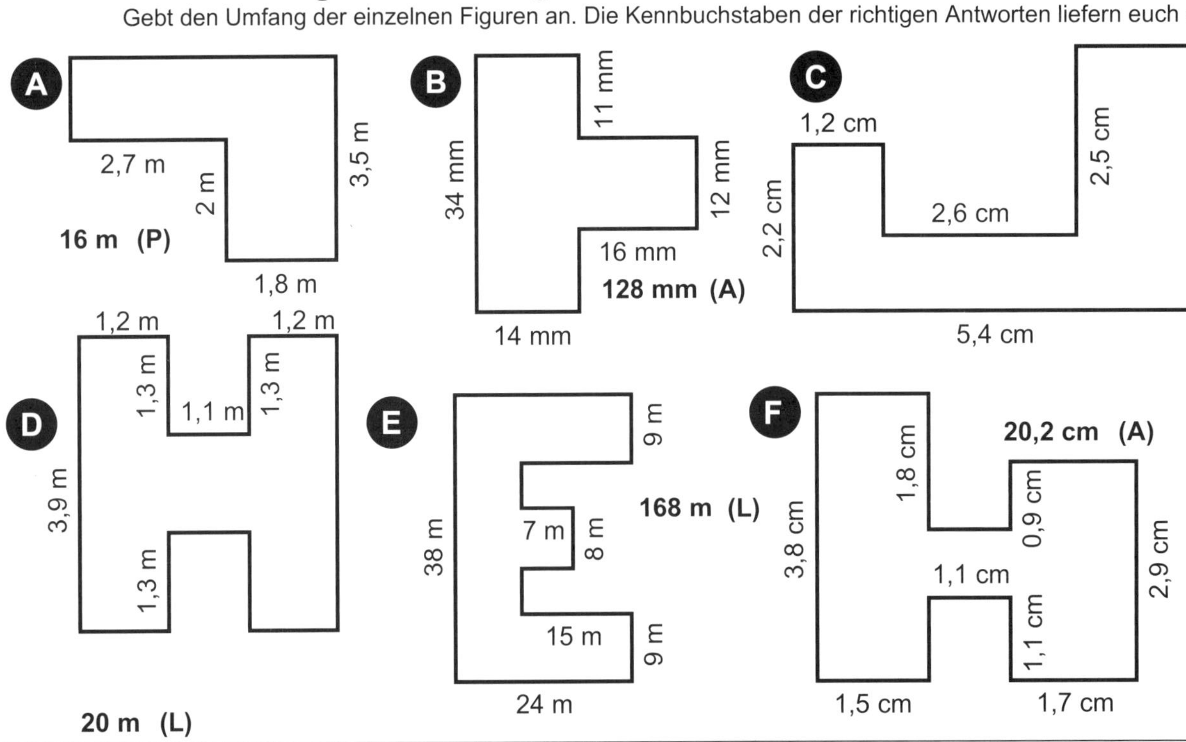

Lösungswort:

A	P
B	A
C	E
D	L
E	L
F	A

Kohls Stationenlernen Mathematik / 5. Schuljahr - Bestell-Nr. 11 591

E

Station

Strecke, Strahl oder Gerade?

Kreuze an, ob es sich um Strecken, Strahlen oder Geraden handelt. Die Buchstaben bei den richtigen Lösungen ergeben ein Lösungswort.

A

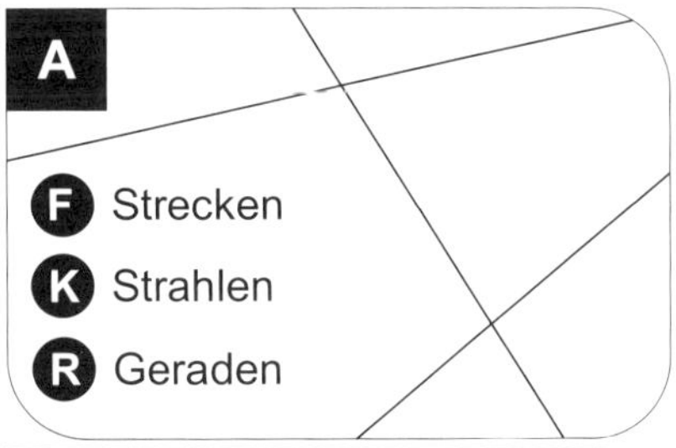

- (F) Strecken
- (K) Strahlen
- (R) Geraden

B

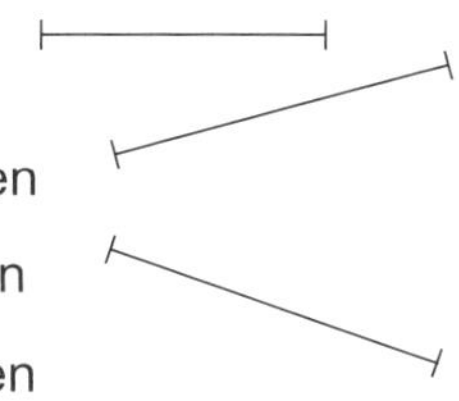

- (I) Strecken
- (O) Strahlen
- (R) Geraden

C

- (A) Strecken
- (R) Strahlen
- (S) Geraden

D

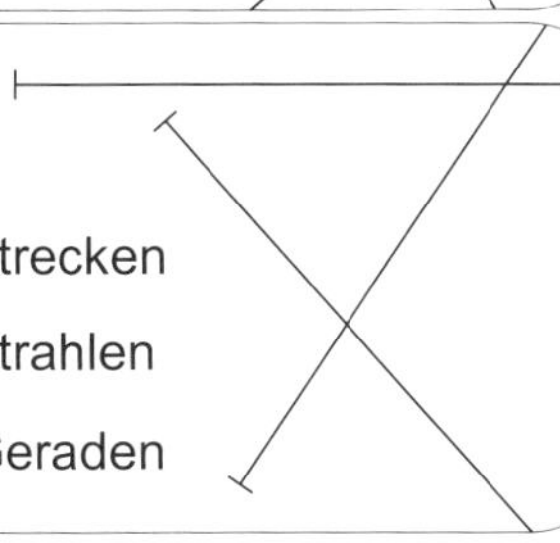

- (C) Strecken
- (I) Strahlen
- (D) Geraden

E

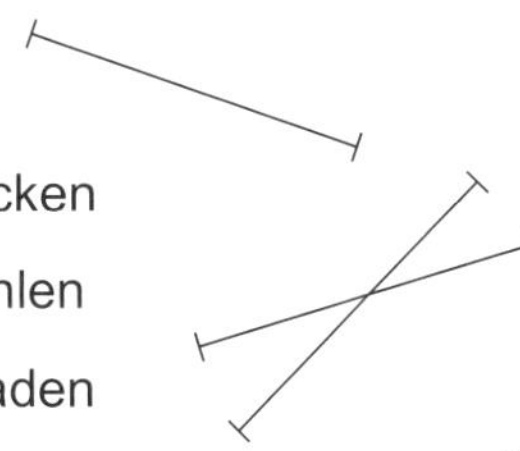

- (K) Strecken
- (E) Strahlen
- (H) Geraden

F

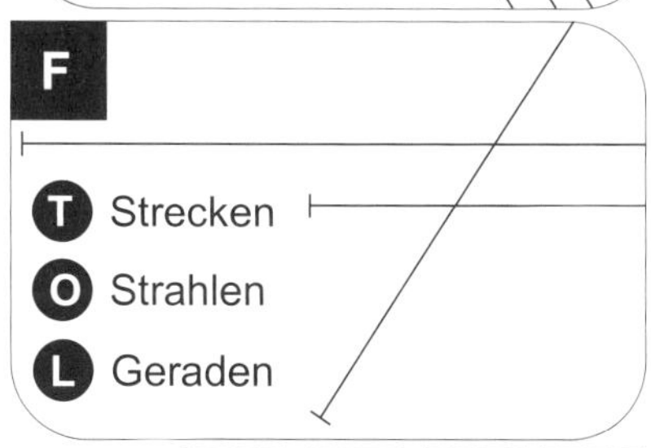

- (T) Strecken
- (O) Strahlen
- (L) Geraden

	A	B	C	D	E	F
Lösungswort:						

Kohls Stationenlernen Mathematik / 5. Schuljahr - Bestell-Nr. 11 591

E

Station

Ecken geometrischer Körper

Bestimme die Anzahl der Ecken der abgebildeten Körper. Die Buchstaben der richtigen Lösungen ergeben das Lösungswort.

A

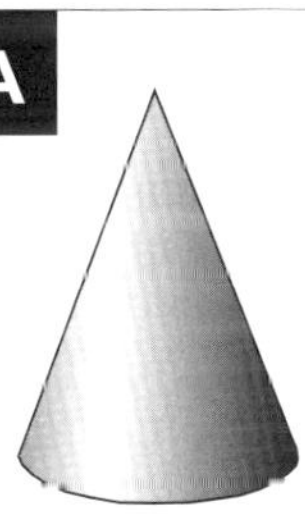

- (L) 2
- (B) 0
- (P) 1

B

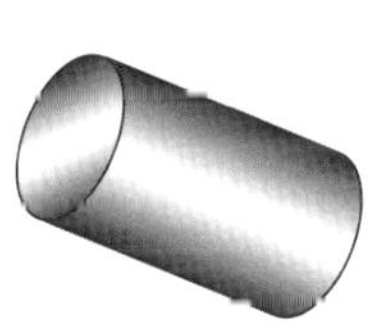

- (O) 1
- (A) 0
- (R) 2

C

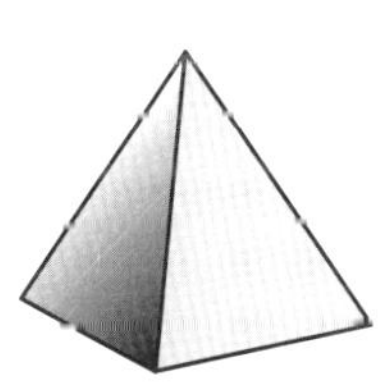

- (L) 5
- (N) 4
- (D) 3

D

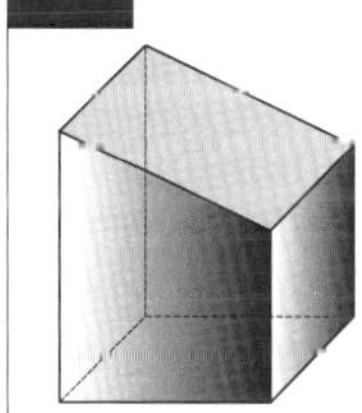

- (A) 8
- (D) 9
- (R) 7

E

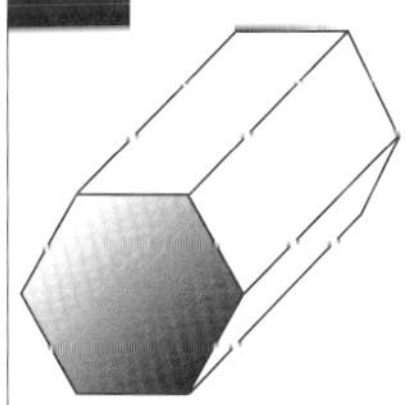

- (I) 10
- (M) 11
- (S) 12

F

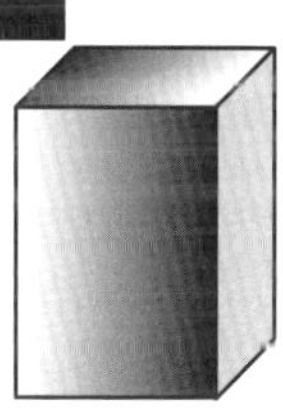

- (L) 7
- (T) 8
- (A) 9

	A	B	C	D	E	F
Lösungswort:						

E

Station

Strecke, Strahl oder Gerade?

Kreuze an, ob es sich um Strecken, Strahlen oder Geraden handelt. Die Buchstaben bei den richtigen Lösungen ergeben ein Lösungswort.

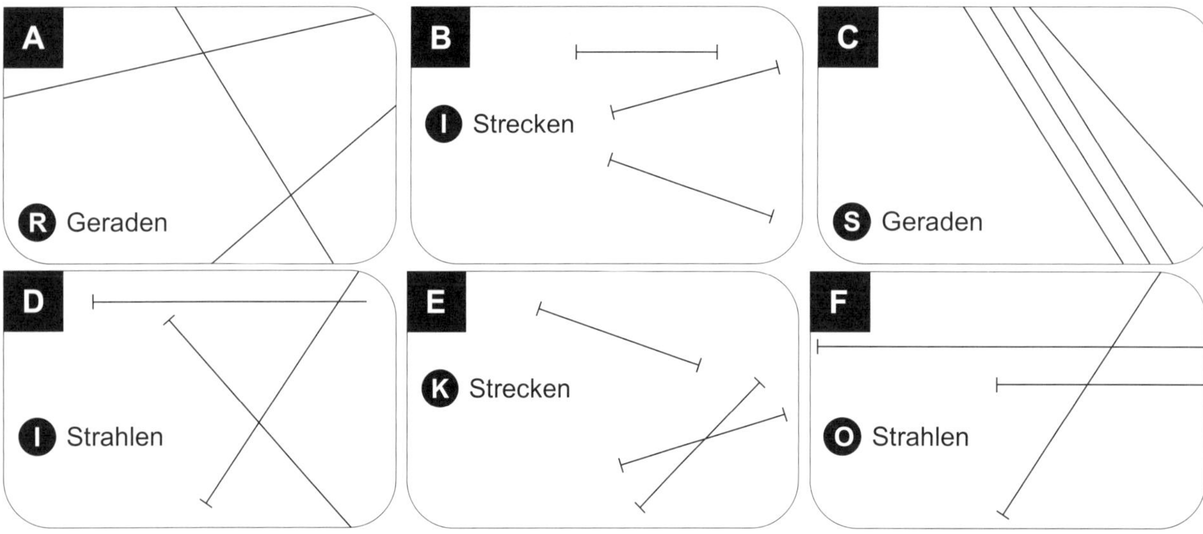

Lösungswort:

A	B	C	D	E	F
R	I	S	I	K	O

Kohls Stationenlernen Mathematik / 5. Schuljahr - Bestell-Nr. 11 591

E

Station

Ecken geometrischer Körper

Bestimme die Anzahl der Ecken der abgebildeten Körper. Die Buchstaben der richtigen Lösungen ergeben das Lösungswort.

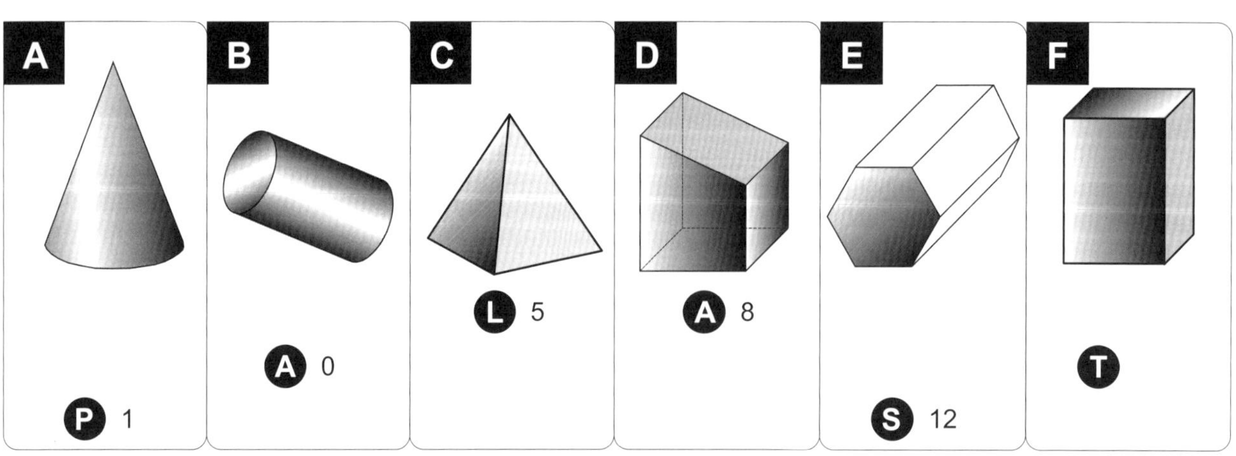

Lösungswort:

A	B	C	D	E	F
P	A	L	A	S	T

Kohls Stationenlernen Mathematik / 5. Schuljahr - Bestell-Nr. 11 591

Station

Parallel, senkrecht oder keines von beiden?

Entscheidet, ob die beiden Geraden senkrecht aufeinander stehen oder parallel verlaufen. Die Buchstaben bei den richtigen Lösungen ergeben ein Lösungswort.

A
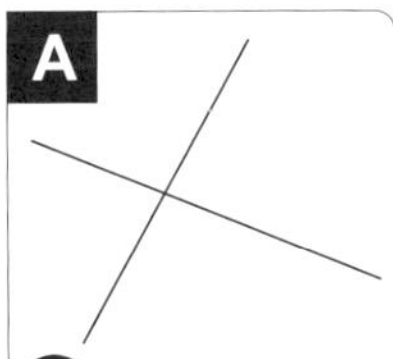
- E parallel
- K senkrecht
- M weder noch

B
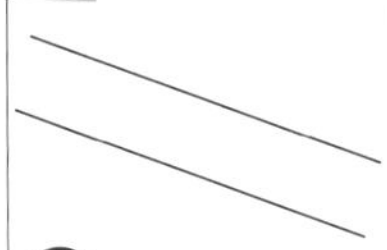
- U parallel
- X senkrecht
- Ü weder noch

C
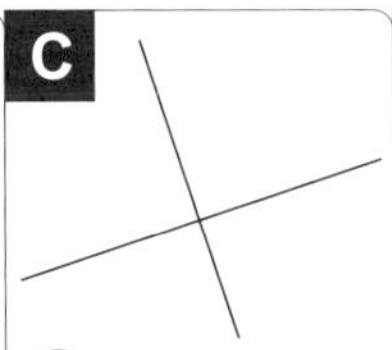
- H parallel
- L senkrecht
- T weder noch

D
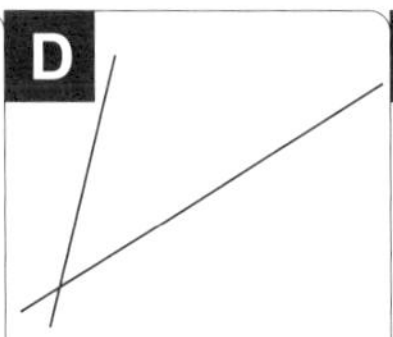
- R parallel
- L senkrecht
- T weder noch

E

- I parallel
- A senkrecht
- W weder noch

F
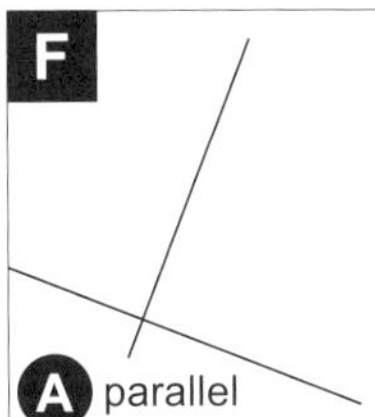
- A parallel
- M senkrecht
- W weder noch

G
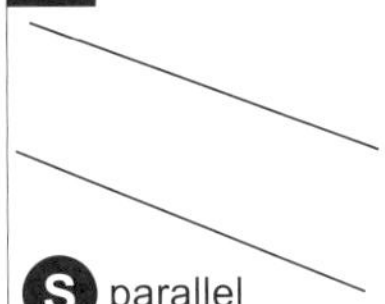
- S parallel
- U senkrecht
- E weder noch

H
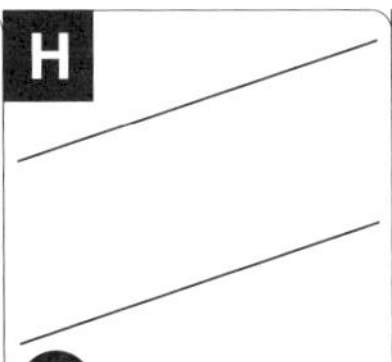
- D parallel
- R senkrecht
- S weder noch

I
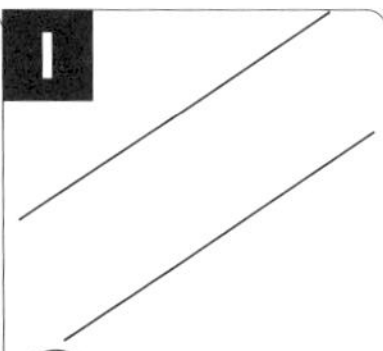
- I parallel
- E senkrecht
- S weder noch

J
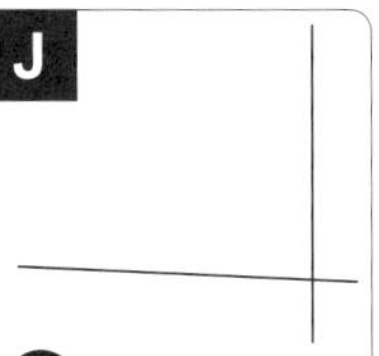
- T parallel
- R senkrecht
- A weder noch

Lösungswort:

A	
B	
C	
D	
E	
F	
G	
H	
I	
J	

Kohls Stationenlernen Mathematik / 5. Schuljahr - Bestell-Nr. 11 591

Station

Ecken, Kanten und Flächen von Körpern

Füllt die Tabelle aus.

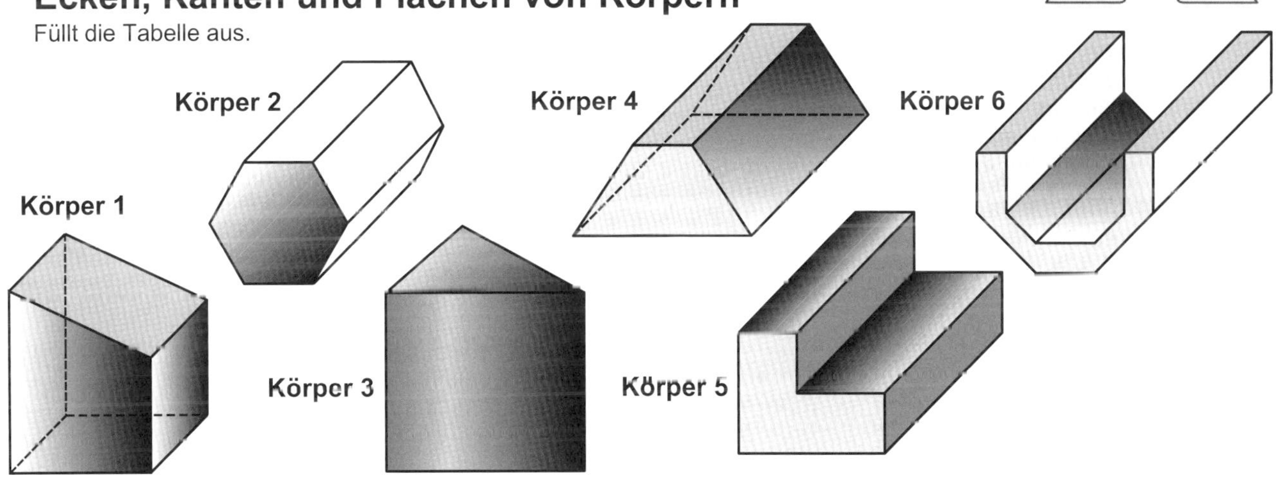

Anzahl	Körper 1	Körper 2	Körper 3	Körper 4	Körper 5	Körper 6
Ecken						
Kanten						
Flächen						

Station

Parallel, senkrecht oder keines von beiden?

Entscheidet, ob die beiden Geraden senkrecht aufeinander stehen oder parallel verlaufen. Die Buchstaben bei den richtigen Lösungen ergeben ein Lösungswort.

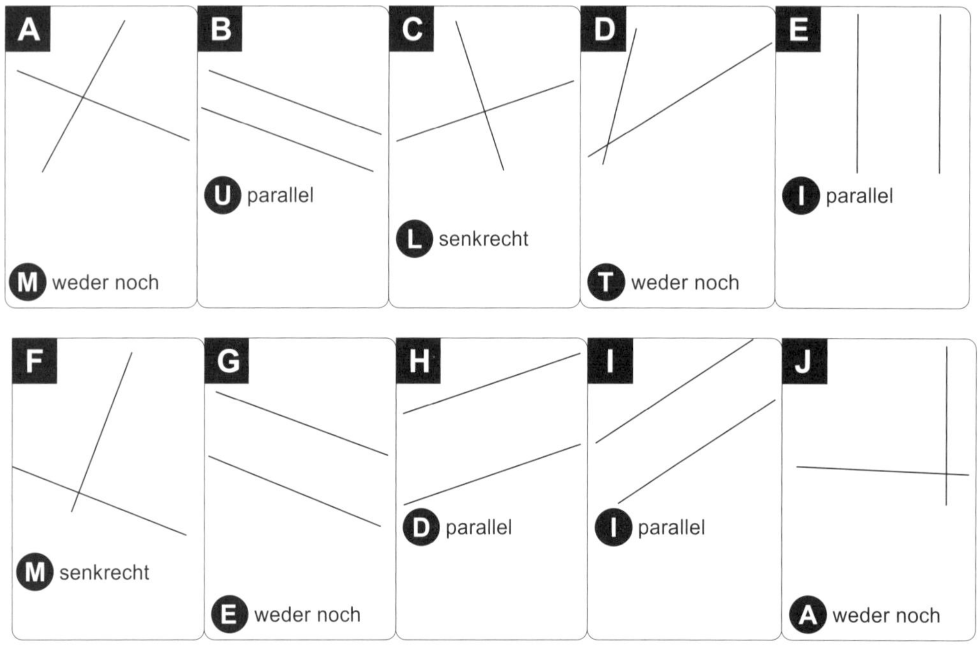

Lösungswort:

A	M
B	U
C	L
D	T
E	I
F	M
G	E
H	D
I	I
J	A

Kohls Stationenlernen Mathematik / 5. Schuljahr - Bestell-Nr. 11 591

Station

Ecken, Kanten und Flächen von Körpern

Füllt die Tabelle aus.

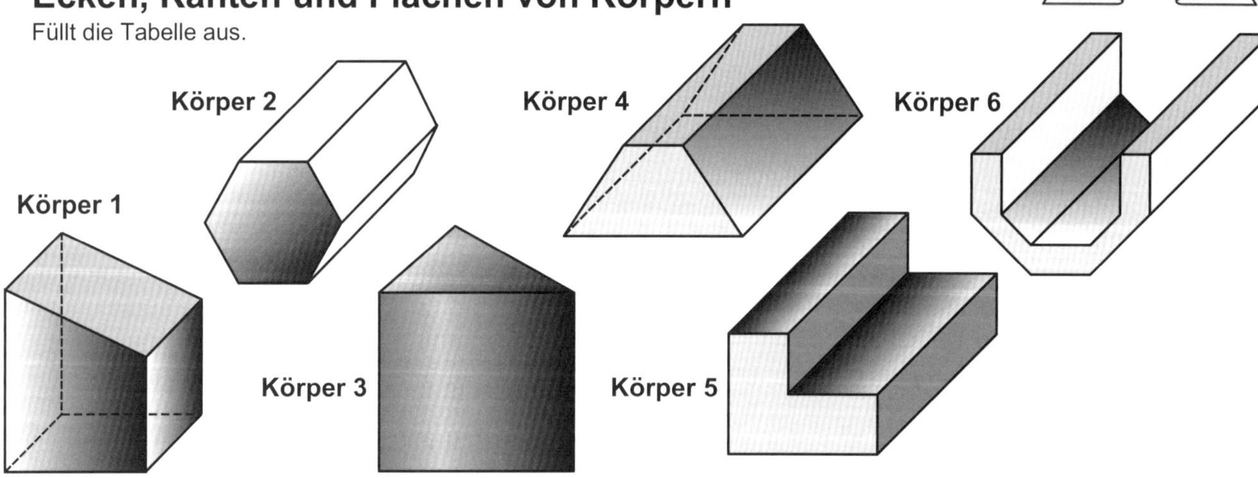

Anzahl	Körper 1	Körper 2	Körper 3	Körper 4	Körper 5	Körper 6
Ecken	8	12	6	8	12	24
Kanten	12	18	9	12	18	36
Flächen	6	8	5	6	8	14

Kohls Stationenlernen Mathematik / 5. Schuljahr - Bestell-Nr. 11 591

Station P

Punkt- vor Strichrechnung

Berechnet die Aufgaben und beachtet dabei die Rechenregel „Punkt- vor Strichrechnung“. Aus den Buchstaben, die auf den Verbindungslinien der Aufgaben und der dazugehörenden Ergebnissen liegen, ergeben sich zwei Lösungswörter.

Aufgabe		Ergebnis
A	160 + 240 : 8 =	11
B	35 : 7 + 18 : 3 =	12
C	17 • 8 – 525 : 25 =	60
D	49 : 7 + 75 : 15 =	115
E	34 : 17 + 6 • 4 =	190
F	36 + 144 : 9 + 8 =	26

Buchstaben: T, A, H, D, K, A, M, C, H, G, J, L, E, O, S

Aufgabe		Ergebnis
G	98 + 350 : 7 =	32
H	54 + 99 : 9 =	65
I	8 • 7 – 36 : 9 =	148
J	9 • 5 – 169 : 13 =	309
K	321 – 72 : 6 =	13
L	56 – 357 : 7 + 8 =	60

Buchstaben: W, H, R, O, M, S, L, T, Z, I, U, E, O, M, Z, R, P

Lösungswort:

A	B	C	D	E	F

Lösungswort:

G	H	I	J	K	L

Kohls Stationenlernen Mathematik / 5. Schuljahr - Bestell-Nr. 11 591

Station E

Potenzen

Schreibe die einzelnen Produkte als Potenzen. Wenn du es dann noch schaffst, den Produkten das richtige Ergebnis zuzuordnen, hast du auch keine Probleme, das Lösungswort zu finden.

A	3 • 3 • 3 • 3 • 3 =	729 (L)	243 (B)	81 (M)
B	7 • 7 • 7 • 7 =	2301 (I)	343 (A)	2401 (L)
C	5 • 5 • 5 • 5 • 5 • 5 =	15625 (U)	3125 (T)	10625 (D)
D	2 • 2 • 2 • 2 • 2 • 2 • 2 • 2 =	256 (T)	244 (E)	512 (G)
E	4 • 4 • 4 • 4 • 4 =	1048 (E)	512 (N)	1024 (O)
F	10 • 10 • 10 • 10 • 10 • 10 =	100000 (P)	1000000 (R)	10000 (L)
G	1 • 1 • 1 • 1 • 1 • 1 • 1 • 1 • 1 =	111 (R)	9 (M)	1 (A)
H	6 • 6 • 6 • 6 • 6 =	7776 (N)	1296 (H)	256 (E)
I	9 • 9 • 9 =	679 (I)	729 (G)	789 (E)
J	8 • 8 • 8 • 8 =	3988 (R)	4096 (E)	5346 (S)

Lösungswort:

A	B	C	D	E	F	G	H	I	J

Station P

Punkt- vor Strichrechnung

Berechnet die Aufgaben und beachtet dabei die Rechenregel „Punkt- vor Strichrechnung“. Aus den Buchstaben, die auf den Verbindungslinien der Aufgaben und der dazugehörenden Ergebnissen liegen, ergeben sich zwei Lösungswörter.

A 160 + 240 : 8 =

B 35 : 7 + 18 : 3 =

C 17 • 8 – 525 : 25 =

D 49 : 7 + 75 : 15 =

E 34 : 17 + 6 • 4 =

F 36 + 144 : 9 + 8 =

Letters on the lines: A, D, K, C, L, E

Ergebnisse: 11, 12, 60, 115, 190, 26

G 98 + 350 : 7 =

H 54 + 99 : 9 =

I 8 • 7 – 36 : 9 =

J 9 • 5 – 169 : 13 =

K 321 – 72 : 6 =

L 56 – 357 : 7 + 8 =

Letters on the lines: O, M, S, E, M, R

Ergebnisse: 32, 65, 148, 309, 13, 60

Lösungswort:

A	B	C	D	E	F
D	A	C	K	E	L

Lösungswort:

G	H	I	J	K	L
S	O	M	M	E	R

Kohls Stationenlernen Mathematik / 5. Schuljahr - Bestell-Nr. 11 591

Station E

Potenzen

Schreibe die einzelnen Produkte als Potenzen. Wenn du es dann noch schaffst, den Produkten das richtige Ergebnis zuzuordnen, hast du auch keine Probleme, das Lösungswort zu finden.

	Aufgabe	Potenz	Ergebnis
A	3 • 3 • 3 • 3 • 3 =	3^5	243 (B)
B	7 • 7 • 7 • 7 =	7^4	2401 (L)
C	5 • 5 • 5 • 5 • 5 • 5 =	5^6	15625 (U)
D	2 • 2 • 2 • 2 • 2 • 2 • 2 • 2 =	2^8	256 (T)
E	4 • 4 • 4 • 4 • 4 =	4^5	1024 (O)
F	10 • 10 • 10 • 10 • 10 • 10 =	10^6	1000000 (R)
G	1 • 1 • 1 • 1 • 1 • 1 • 1 • 1 • 1 =	1^9	1 (A)
H	6 • 6 • 6 • 6 • 6 =	6^5	7776 (N)
I	9 • 9 • 9 =	9^3	729 (G)
J	8 • 8 • 8 • 8 =	8^4	4096 (E)

Lösungswort:

A	B
B	L
C	U
D	T
E	O
F	R
G	A
H	N
I	G
J	E

Station P

Maßstab

Der Grundriss des Hauses ist im Maßstab 1 : 100 gezeichnet.
Ihr schafft es sicherlich, ein paar Fragen zu beantworten.

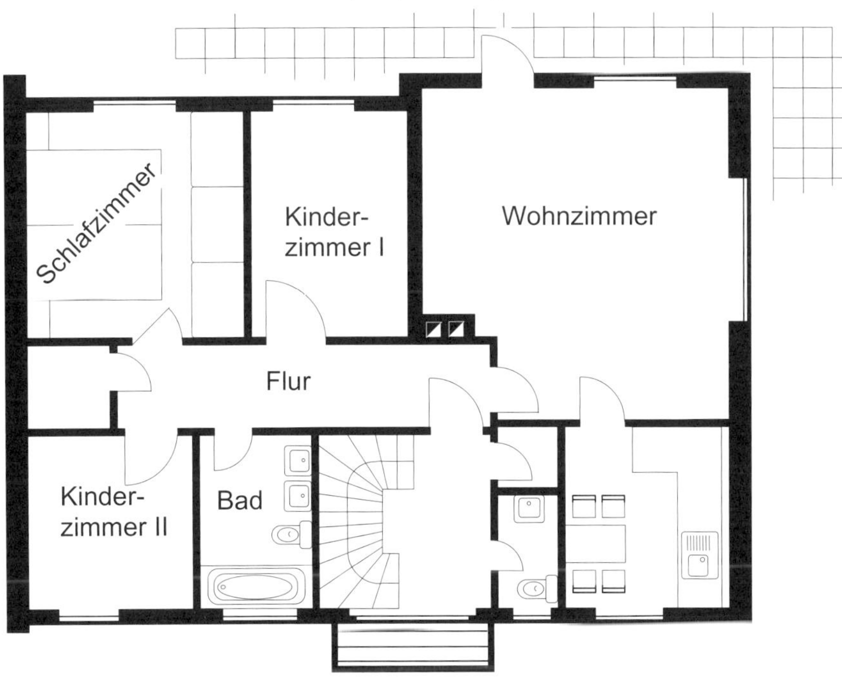

A Wie lang und wie breit ist das Kinderzimmer I?

B Ist das Kinderzimmer I größer oder kleiner als Kinderzimmer II?

C Der Flur wird mit Teppichboden ausgelegt. Wie viele m² werden benötigt?

D Der Boden des Gäste WC wird mit Kacheln 30 cm x 30 cm gefliest. Wie viele Kacheln werden mindestens benötigt?

E An die fensterlose Wand des Wohnzimmers soll eine Schrankwand eingebaut werden. Wie breit kann diese Schrankwand höchstens sein?

F Wie breit können die beiden Nachttische werden, wenn die beiden Betten jeweils 1 m breit sind?

Kohls Stationenlernen Mathematik / 5. Schuljahr - Bestell-Nr. 11 591

Station E

Geometrische Körper im Alltag

Kreuze den Körper an, den du in den Abbildungen entdecken kannst. Aus den Kennbuchstaben der richtigen Antworten ergibt sich ein Lösungswort.

A

L Kegel
N Zylinder

B
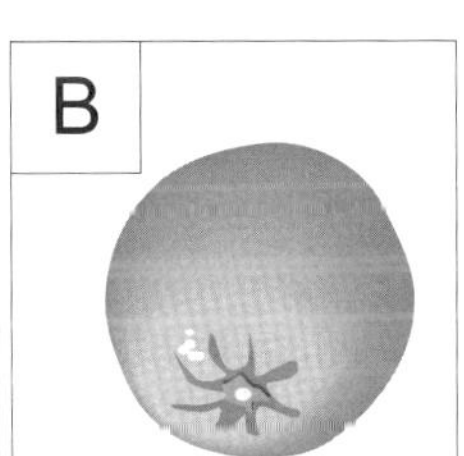
O Würfel
I Kugel

C
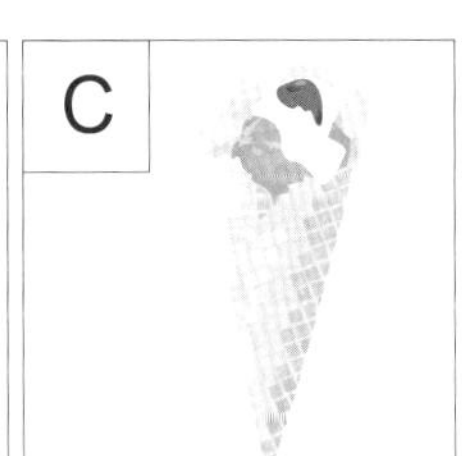
S Kugel
N Kegel

D
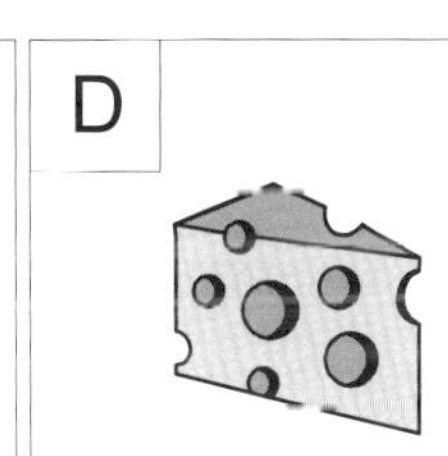
C Quader
K Prisma

E
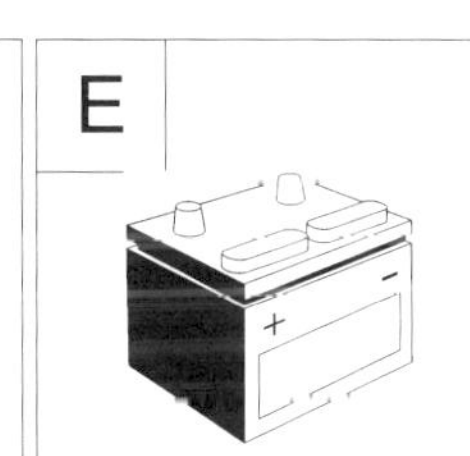
S Quader
H Würfel

F
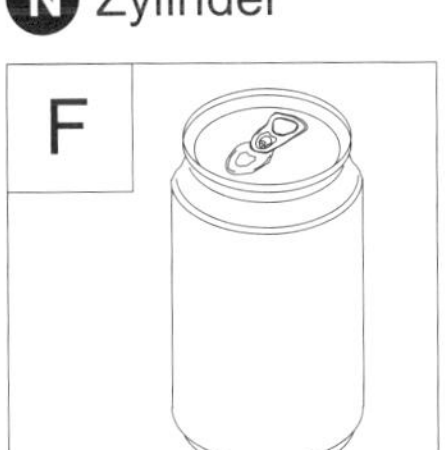
K Kegel
D Zylinder

G
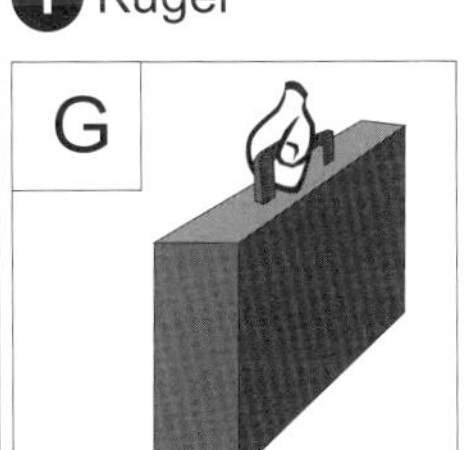
R Quader
I Würfel

H

A Pyramide
D Kegel

I
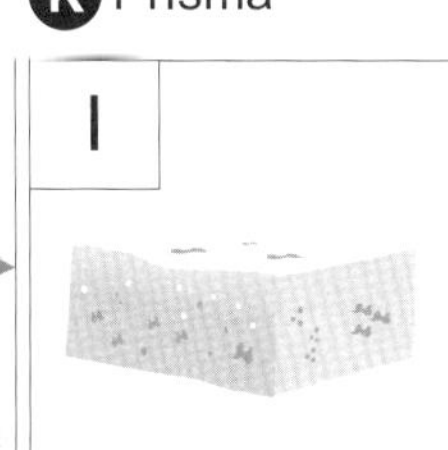
L Quader
E Pyramide

J

O Kegel
L Zylinder

Lösungswort:

A	
B	
C	
D	
E	
F	
G	
H	
I	
J	

P

Station

Maßstab

Der Grundriss des Hauses ist im Maßstab 1 : 100 gezeichnet.
Ihr schafft es sicherlich, ein paar Fragen zu beantworten.

- **A** 2,10 m x 3 m
- **B** Kinderzimmer I ist größer
- **C** 5,5 m²
- **D** 15 Fliesen
- **E** Höchstens 3 m
- **F** Jeder Nachttisch kann 50 cm breit werden.

Kohls Stationenlernen Mathematik / 5. Schuljahr - Bestell-Nr. 11 591

E

Station

Geometrische Körper im Alltag

Kreuze den Körper an, den du in den Abbildungen entdecken kannst. Aus den Kennbuchstaben der richtigen Antworten ergibt sich ein Lösungswort.

A

L Kegel

B
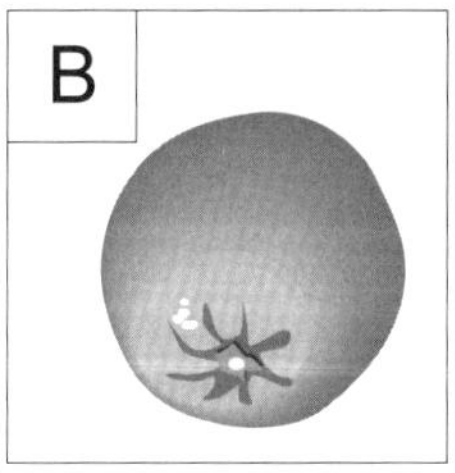

I Kugel

C

N Kegel

D
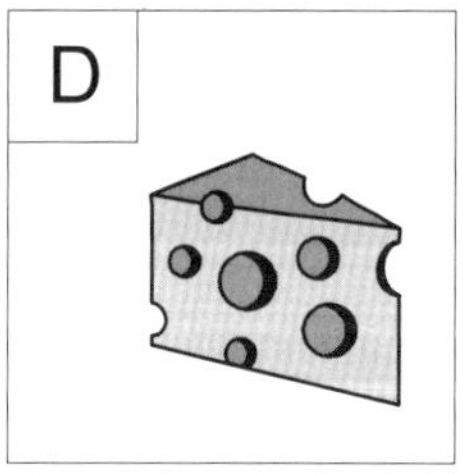

K Prisma

E
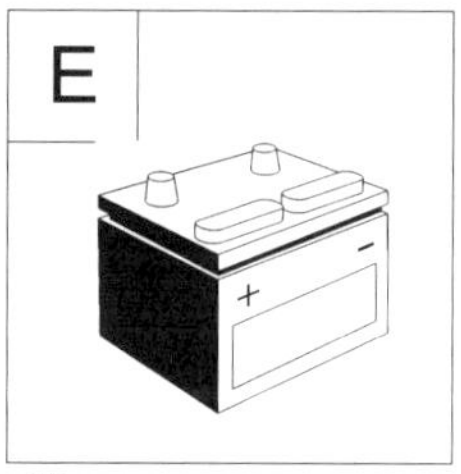

S Quader

F

D Zylinder

G
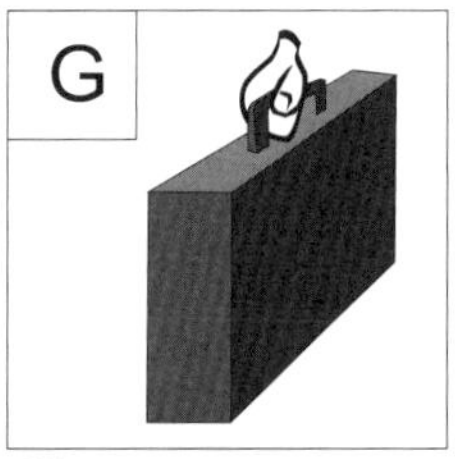

R Quader

H
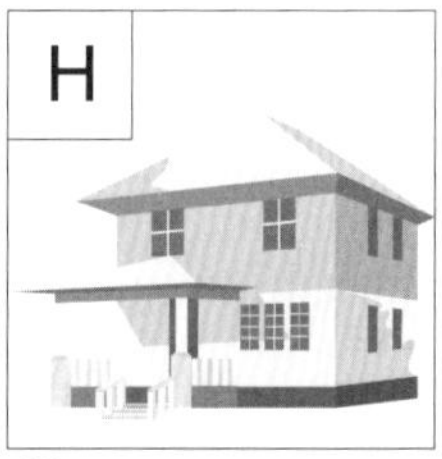

A Pyramide

I
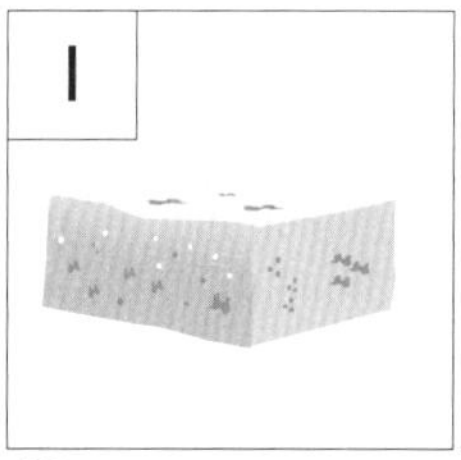

L Quader

J

L Zylinder

Lösungswort:

A	L
B	I
C	N
D	K
E	S
F	D
G	R
H	A
I	L
J	L

Station

Parallel und senkrecht

A Zeichnet eine Gerade durch die Punkte A(1|2) und B(5|4). Zeichnet dann Parallelen zu dieser Geraden durch die Punkte C(2|5), D(2|1) und E(5|1).

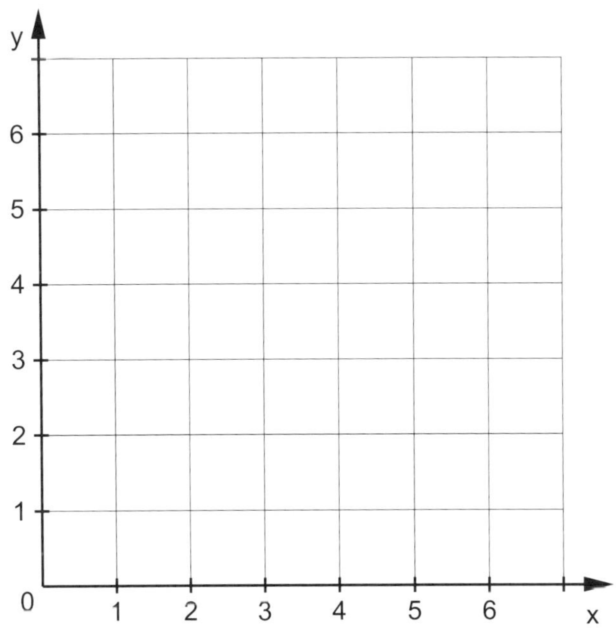

B Zeichnet eine Gerade durch die Punkte A(1|4) und B(7|2). Zeichnet dann Senkrechte zu dieser Geraden durch die Punkte C(2|7), D(3|0), E(4|6) und F(5|1).

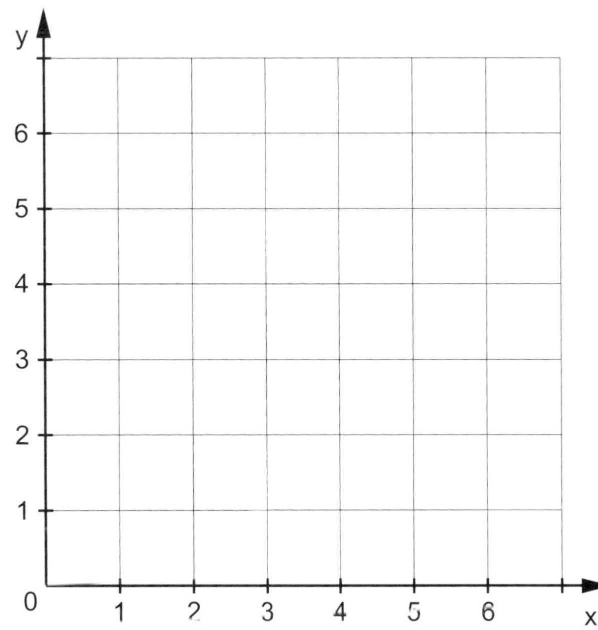

Kohls Stationenlernen Mathematik / 5. Schuljahr - Bestell-Nr. 11 591

Station

Vorgänger - Zahl - Nachfolger

Ergänzt die fehlenden Zahlen.

A

Vorgänger	Zahl	Nachfolger
	20	
		40
199		
	309	
		991
	2701	
	6 000	
8 888		
		90 000
	409 990	

B

Vorgänger	Zahl	Nachfolger
		25
	100	
300		
		1 001
	1 261	
8 999		
66 999		
		79 991
	1 000 000	
		1 246 000

Station

Parallel und senkrecht

A Zeichnet eine Gerade durch die Punkte A(1|2) und B(5|4). Zeichnet dann Parallelen zu dieser Geraden durch die Punkte C(2|5), D(2|1) und E(5|1).

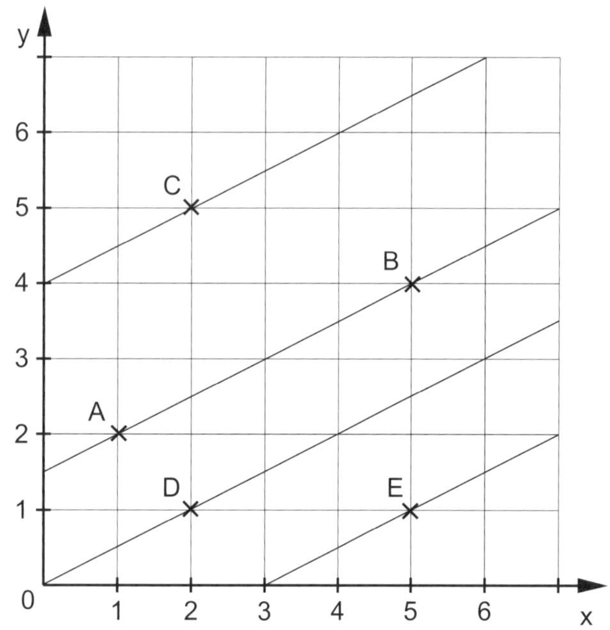

B Zeichnet eine Gerade durch die Punkte A(1|4) und B(7|2). Zeichnet dann Senkrechte zu dieser Geraden durch die Punkte C(2|7), D(3|0), E(4|6) und F(5|1).

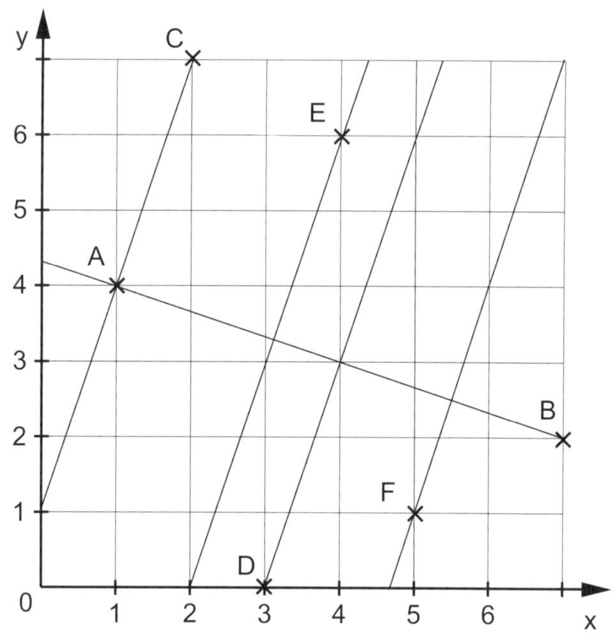

Station

Vorgänger - Zahl - Nachfolger

Ergänzt die fehlenden Zahlen.

A

Vorgänger	Zahl	Nachfolger
19	20	21
38	39	40
199	200	201
308	309	310
989	990	991
2700	2701	2702
5 999	6 000	6 001
8 888	8 889	8 890
89 998	89 999	90 000
409 989	409 990	409 991

B

Vorgänger	Zahl	Nachfolger
23	24	25
99	100	101
300	301	302
999	1 000	1 001
1 260	1 261	1 262
8 999	9 000	9 001
66 999	67 000	67 001
79 989	79 990	79 991
999 999	1 000 000	1 000 001
1 245 998	1 245 999	1 246 000

E

Station

★

Schriftliche Division

Dividiere schriftlich. Die Kennbuchstaben bei den richtigen Lösungen ergeben ein Lösungswort.

A 1422 : 18 =
- K 79
- S 89
- T 69

B 1961 : 53 =
- T 27
- H 36
- O 37

C 4788 : 84 =
- O 67
- C 57
- A 77

D 3104 : 32 =
- P 99
- M 89
- H 97

E 2133 : 27 =
- A 69
- B 79
- P 89

F 2204 : 76 =
- U 29
- E 39
- N 49

G 2394 : 38 =
- D 73
- E 68
- C 63

H 2958 : 51 =
- H 58
- R 48
- E 68

Lösungswort:

A	B	C	D	E	F	G	H

Kohls Stationenlernen Mathematik / 5. Schuljahr - Bestell-Nr. 11 591

E

Station

★

Spiegeln im Gitternetz

Spiegele das Bild an der gekennzeichneten Achse. Anschließend kannst du dein Bild farbig ausmalen.

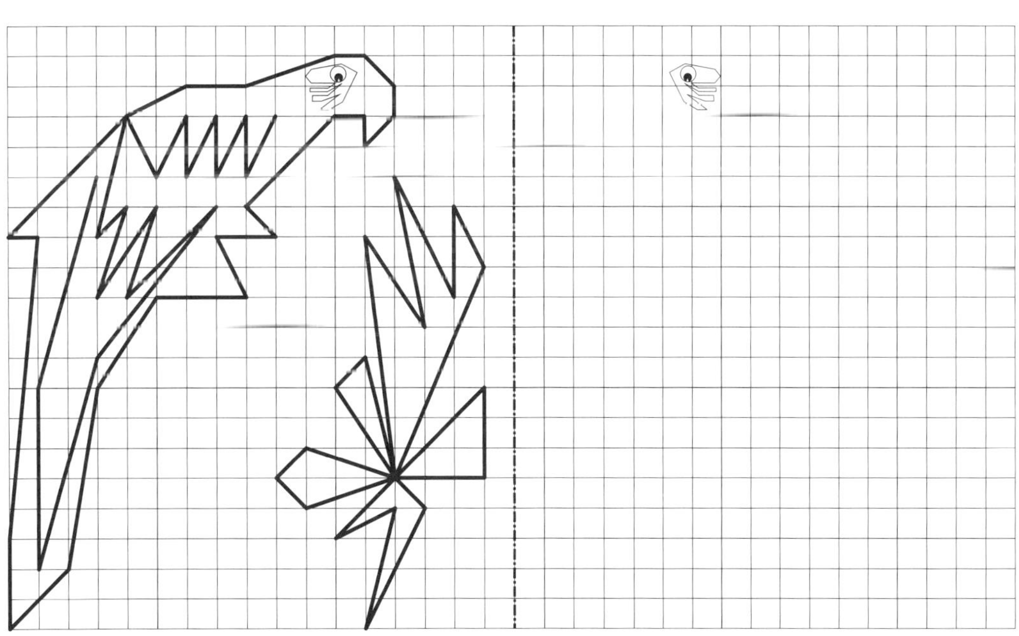

E

Station

Schriftliche Division

Dividiere schriftlich. Die Kennbuchstaben bei den richtigen Lösungen ergeben ein Lösungswort.

A 1422 : 18 = 79
126
 162
 162
   0
(K) 79

B 1961 : 53 = 37
126
 162
 162
   0
(O) 37

C 4788 : 84 = 57
420
 588
 588
   0
(C) 57

D 3104 : 32 = 97
288
 224
 224
   0
(H) 97

E 2133 : 27 = 79
189
 243
 243
   0
(B) 79

F 2204 : 76 = 29
152
 684
 684
   0
(U) 29

G 2394 : 38 = 63
228
 114
 114
   0
(C) 63

H 2958 : 51 = 58
255
 408
 408
   0
(H) 58

Lösungswort:

A	B	C	D	E	F	G	H
K	O	C	H	B	U	C	H

Kohls Stationenlernen Mathematik / 5. Schuljahr - Bestell-Nr. 11 591

E

Station

Spiegeln im Gitternetz

Spiegele das Bild an der gekennzeichneten Achse. Anschließend kannst du dein Bild farbig ausmalen.

Kohls Stationenlernen Mathematik / 5. Schuljahr - Bestell-Nr. 11 591

Station E

Körpernetze

Ergänze die unvollständigen Netze.

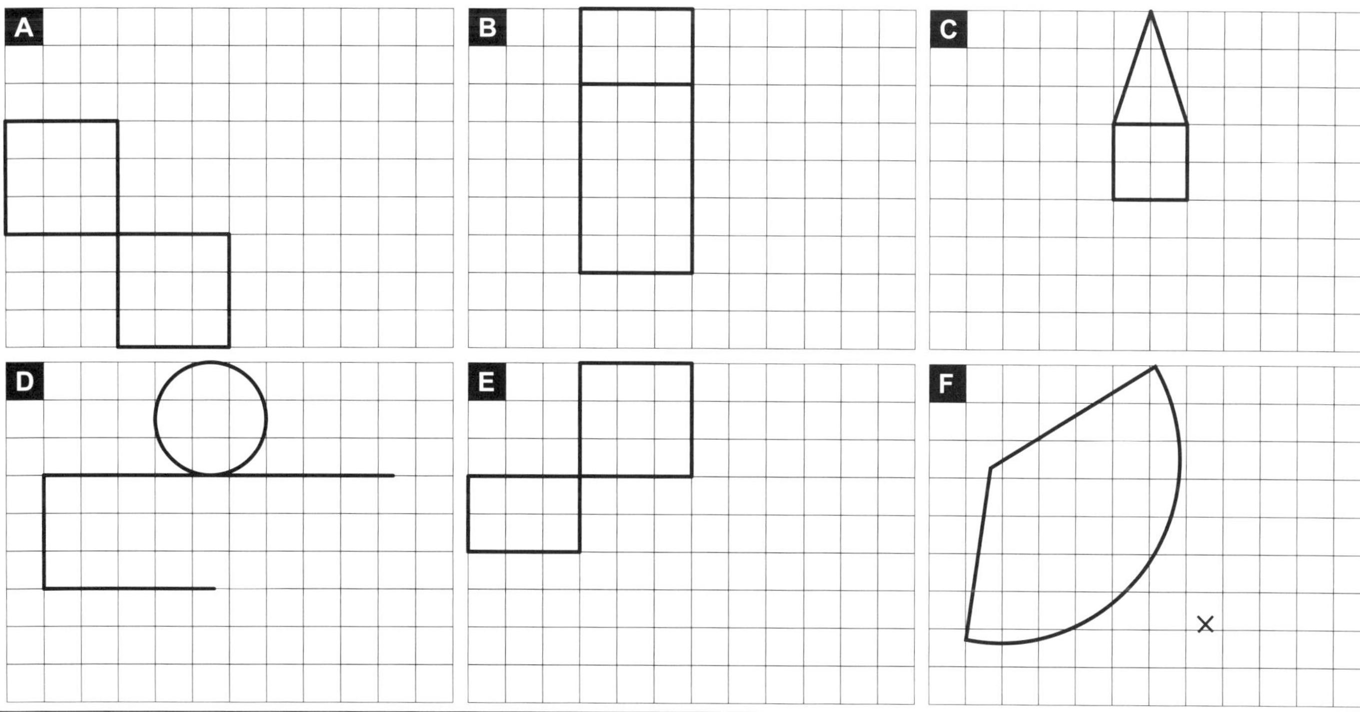

Station P

Maßstab: Vergrößern und Verkleinern

Verkleinert die Körper im Maßstab 1 : 2.

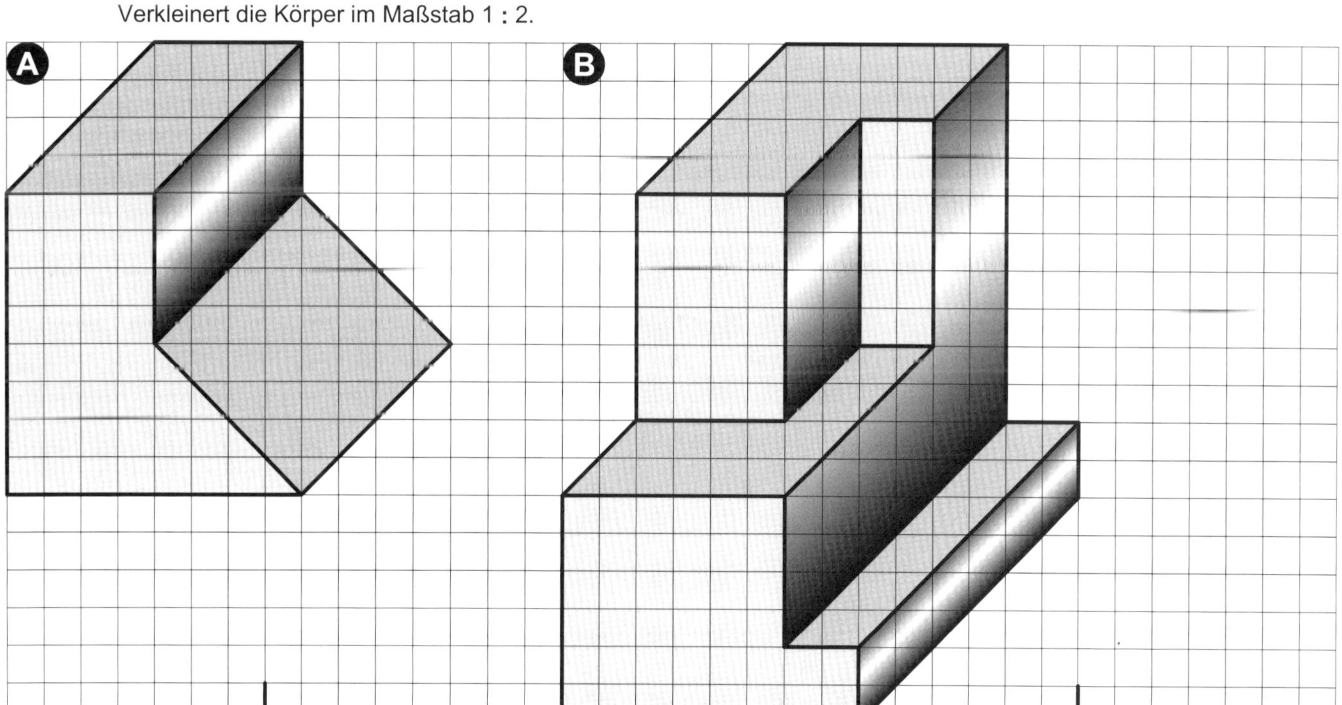

Station E

Körpernetze

Ergänze die unvollständigen Netze.

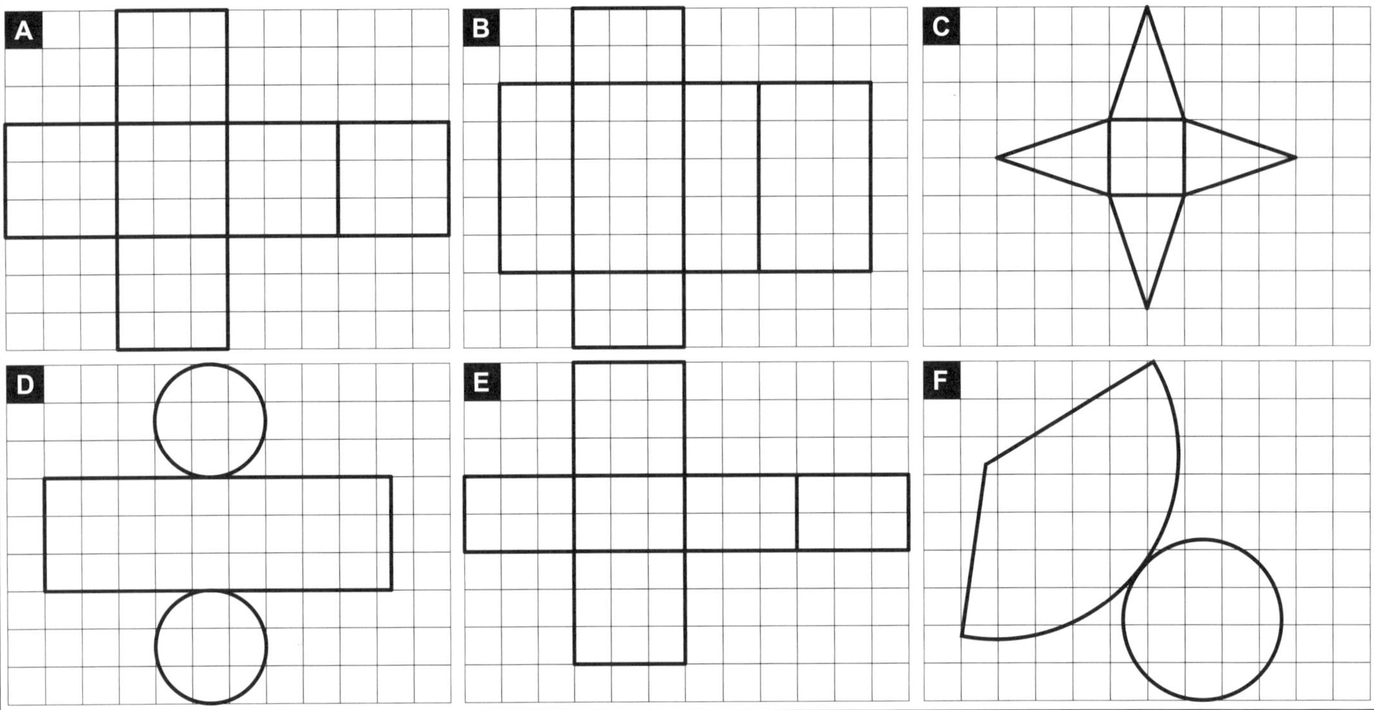

Station P

Maßstab: Vergrößern und Verkleinern

Verkleinert die Körper im Maßstab 1 : 2.

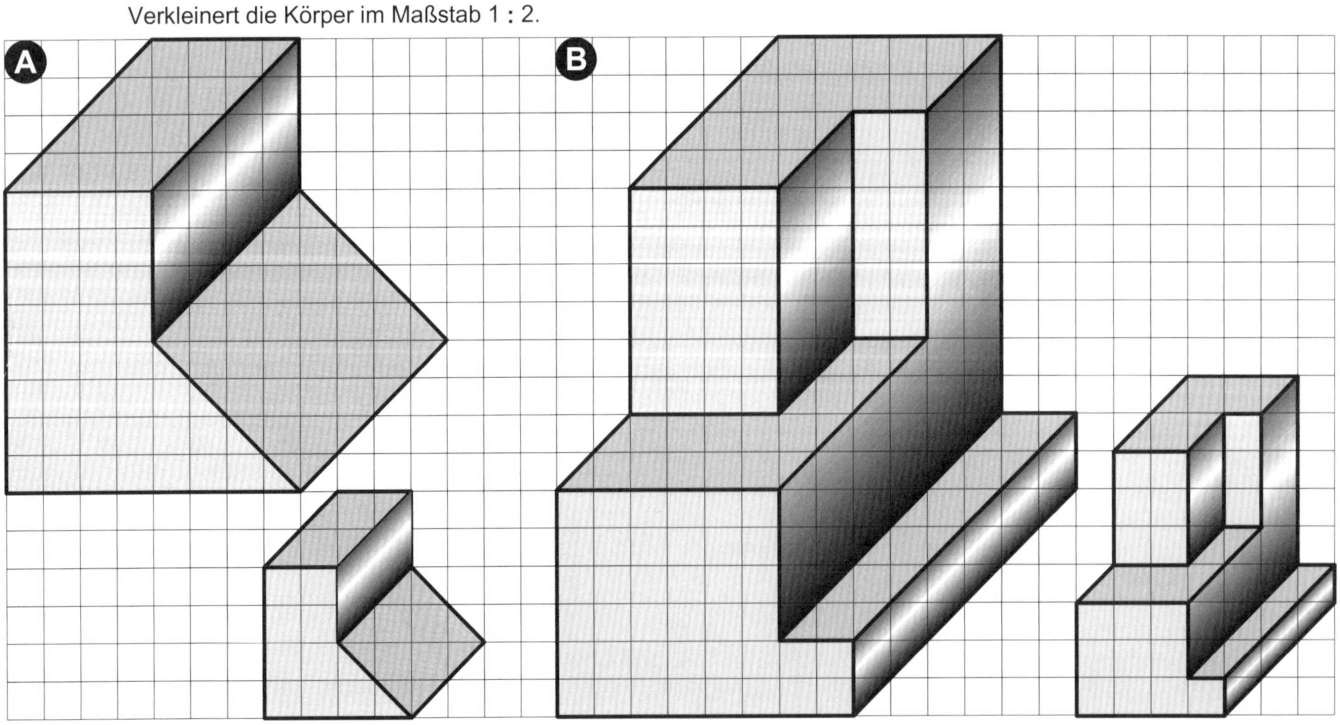

Kohls Stationenlernen Mathematik / 5. Schuljahr - Bestell-Nr. 11 591

Station P

!

Maßstab: Vergrößern und Verkleinern

Vergrößert die Figuren im Maßstab 2 : 1.

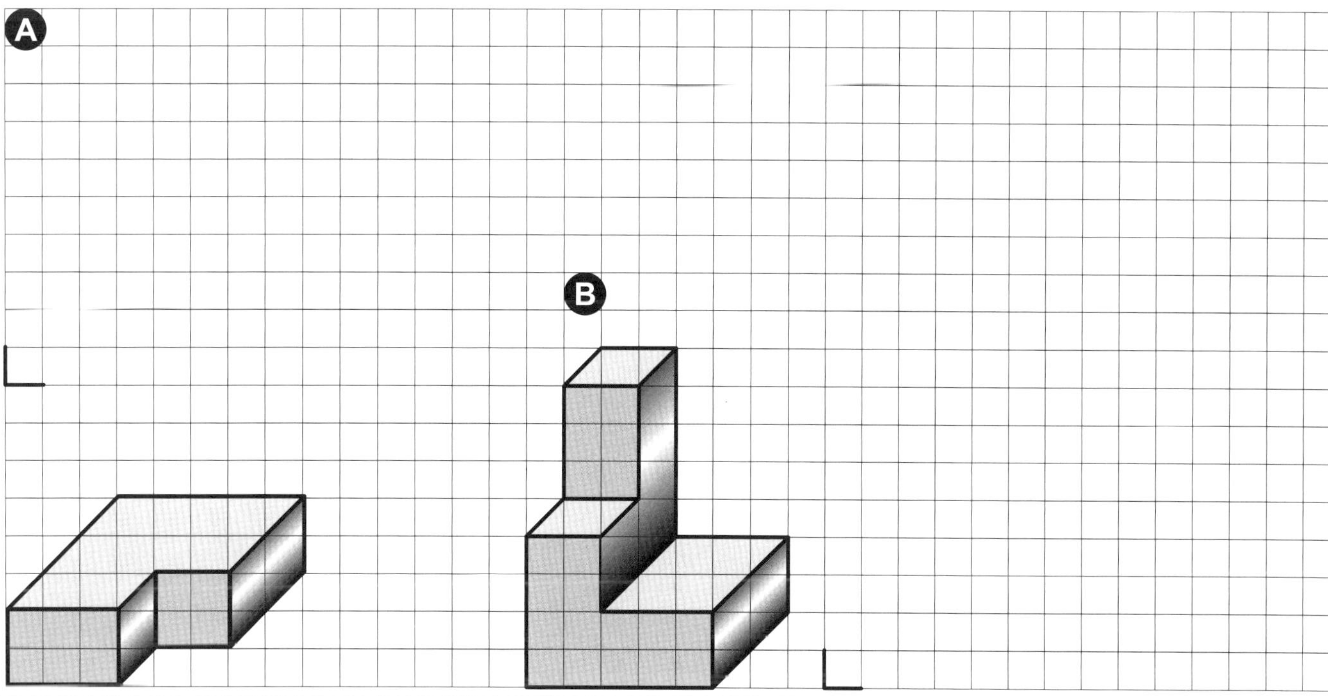

Station E

★

Gemischte Aufgaben (+ , – , •, :)

Ein kleines Kreuzzahlrätsel gefällig?

waagerecht

- **A** 9652 • 107
- **E** 4 • 35 + 210 : 5
- **F** 9500 : 38
- **I** (753 – 87) : (33 – 24)
- **K** (126 : 14) • (7 + 3 • 8)
- **L** 12 • 19 + 190
- **M** 251 • 32 • 539

senkrecht

- **A** 28 • 127 • 289
- **B** 7 • 26 + 2^7
- **C** 10521 : 27
- **D** 457 • 56 • 179
- **G** 3 • 9 • 340 : 17
- **H** (86 + 13) • 5 – 338
- **J** 702 : 9 + 2^6

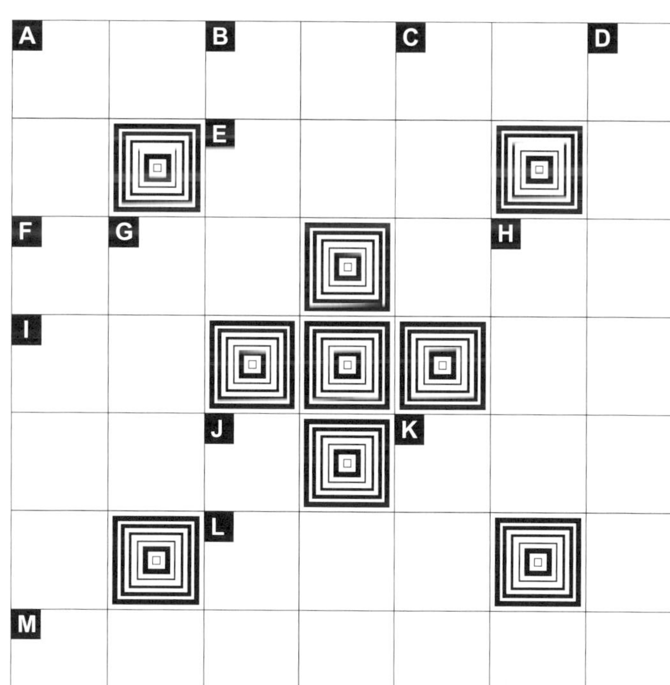

Station P

Maßstab: Vergrößern und Verkleinern

Vergrößert die Figuren im Maßstab 2 : 1.

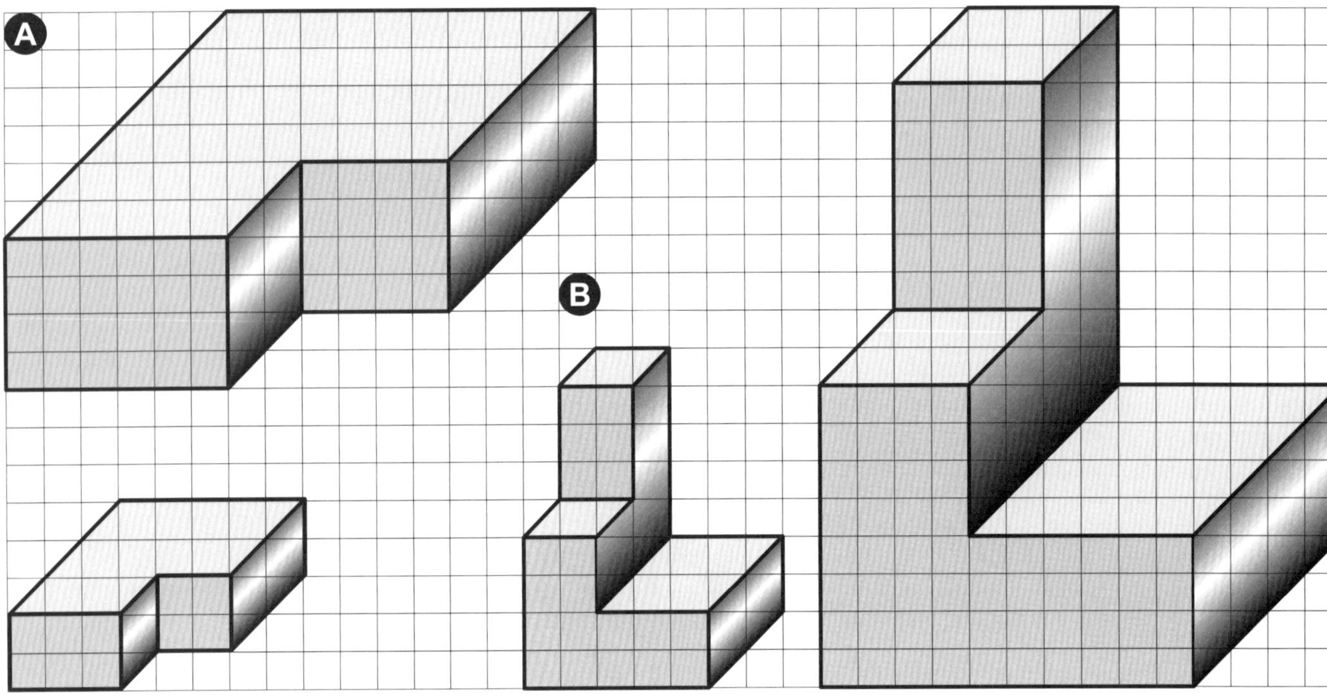

Station E

Gemischte Aufgaben (+ , – , •, :)

Ein kleines Kreuzzahlrätsel gefällig?

waagerecht		senkrecht	
A	9652 • 107	**A**	28 • 127 • 289
E	4 • 35 + 210 : 5	**B**	7 • 26 + 2^7
F	9500 : 38	**C**	19521 : 27
I	(753 – 87) : (33 – 24)	**D**	457 • 56 • 179
K	(126 : 14) • (7 + 3 • 8)	**G**	3 • 9 • 340 : 17
L	12 • 19 + 190	**H**	(86 + 13) • 5 – 338
M	251 • 32 • 539	**J**	702 : 9 + 2^6

A 1	0	B 3	2	C 7	6	D 4
0	■	E 1	8	2	■	5
F 2	G 5	0	■	3	H 1	8
I 7	4	■	■	■	5	0
6	0	J 1	■	K 2	7	9
8	■	L 4	1	8	■	6
M 4	3	2	9	2	4	8

Kohls Stationenlernen Mathematik / 5. Schuljahr - Bestell-Nr. 11 591

Station

Sachaufgaben zur Berechnung von Flächen

!

Löst die Aufgaben. Die Kennbuchstaben bei den richtigen Lösungen ergeben ein Lösungswort.

A

Ein Grundstück ist 6 a groß. Das darauf gebaute Haus hat eine Grundfläche 6 m x 20 m. Welche Fläche haben der Garten und der Vorgarten des Hauses?

J: 450 m^2 G: 480 m^2 C: 500 m^2

B

Ein Rechteck hat einen Flächeninhalt von 84 m^2. Es ist 7 m breit. Wie groß ist die Länge des Rechtecks?

Ä: 18 m E: 13 m A: 12 m

C

Der Umfang eines Rechtecks beträgt 24 m. Eine Seite ist 7 m lang. Wie breit ist dieses Rechteck?

B: 5 m S: 6 m A: 6,5 m

D

Ein 8,2 m langes und 2,5 m breites Gemüsebeet wird mit Folie abgedeckt.
Wie viel Folie braucht man mindestens?

E: 20,5 m^2 N: 21,5 m^2 A: 22,5 m^2

E

Der Bodensee hat eine Fläche von 538 km^2. Wie viele Fußballfelder von 105 m Länge und 70 m Breite würden die Wasseroberfläche bedecken können? Runde sinnvoll.

L: 73 200 R: 73500 S: 74 000

Lösungswort:

A	B	C	D	E

Kohls Stationenlernen Mathematik / 5. Schuljahr - Bestell-Nr. 11 591

Station

Umwandeln von Flächeneinheiten

!

A		B		C	
Gebt in der angegebenen Maßeinheit an.		Gebt in der angegebenen Maßeinheit an.		Schreibt mit Komma.	
8 dm^2	cm^2	3800 dm^2	m^2	6 dm^2 5 cm^2	dm^2
7 m^2	dm^2	40000 m^2	ha	2 m^2 52 dm^2	m^2
2 ha	m^2	2000 ha	km^2	5 ha 3 a	ha
3 km^2	ha	30000 dm^2	a	3 km^2 20 a	km^2
31 a	m^2	310000 a	km^2	31 a 75 m^2	a
17 m^2	cm^2	170000 mm^2	dm^2	17 m^2 6 dm^2	m^2
3 a	dm^2	5500 a	ha	$\frac{1}{2}$ a	a
15 dm^2	mm^2	15000 dm^2	m^2	15 dm^2 5 cm^2	dm^2
6 cm^2	mm^2	600000 cm^2	m^2	6 cm^2 7 mm^2	cm^2
12 ha	a	12000 a	ha	2 km^2 70 ha	km^2

Station

Sachaufgaben

Löst die Aufgaben. Die Kennbuchstaben bei den richtigen Lösungen ergeben ein Lösungswort.

A
Ein Grundstück ist 6 a groß. Das darauf gebaute Haus hat eine Grundfläche 6 m x 20 m. Welche Fläche haben der Garten und der Vorgarten des Hauses?

G: 480 m²

B
Ein Rechteck hat einen Flächeninhalt von 84 m². Es ist 7 m breit. Wie groß ist die Länge des Rechtecks?

A: 12 m

C
Der Umfang eines Rechtecks beträgt 24 m. Eine Seite ist 7 m lang. Wie breit ist dieses Rechteck?

B: 5 m

D
Ein 8,2 m langes und 2,5 m breites Gemüsebeet wird mit Folie abgedeckt.
Wie viel Folie braucht man mindestens?

E: 20,5 m²

E
Der Bodensee hat eine Fläche von 538 km². Wie viele Fußballfelder von 105 m Länge und 70 m Breite würden die Wasseroberfläche bedecken können? Runde sinnvoll.

L: 73 200

Lösungswort:

A	B	C	D	E
G	A	B	E	L

Station

Umwandeln von Flächeneinheiten

A Gebt in der angegebenen Maßeinheit an.			**B** Gebt in der angegebenen Maßeinheit an.			**C** Schreibt mit Komma.		
8 dm²	800	cm²	3800 dm²	38	m²	6 dm² 5 cm²	6,05	dm²
7 m²	700	dm²	40000 m²	4	ha	2 m² 52 dm²	2,52	m²
2 ha	20 000	m²	2000 ha	20	km²	5 ha 3 a	5,03	ha
3 km²	300	ha	30000 dm²	3	a	3 km² 20 a	3,002	km²
31 a	3 100	m²	310000 a	31	km²	31 a 75 m²	31,75	a
17 m²	170 000	cm²	170000 mm²	17	dm²	17 m² 6 dm²	17,06	m²
3 a	30 000	dm²	5500 a	55	ha	$\frac{1}{2}$ a	0,5	a
15 dm²	150 000	mm²	15000 dm²	150	m²	15 dm² 5 cm²	15,05	dm²
6 cm²	600	mm²	600000 cm²	60	m²	6 cm² 7 mm²	6,07	cm²
12 ha	1 200	a	12000 a	120	ha	2 km² 70 ha	2,7	km²

P

Station

!

Volumen von Körpern

Jeder einzelne Würfel hat die Kantenlänge 1 cm. Bestimmt das Volumen der Körper.

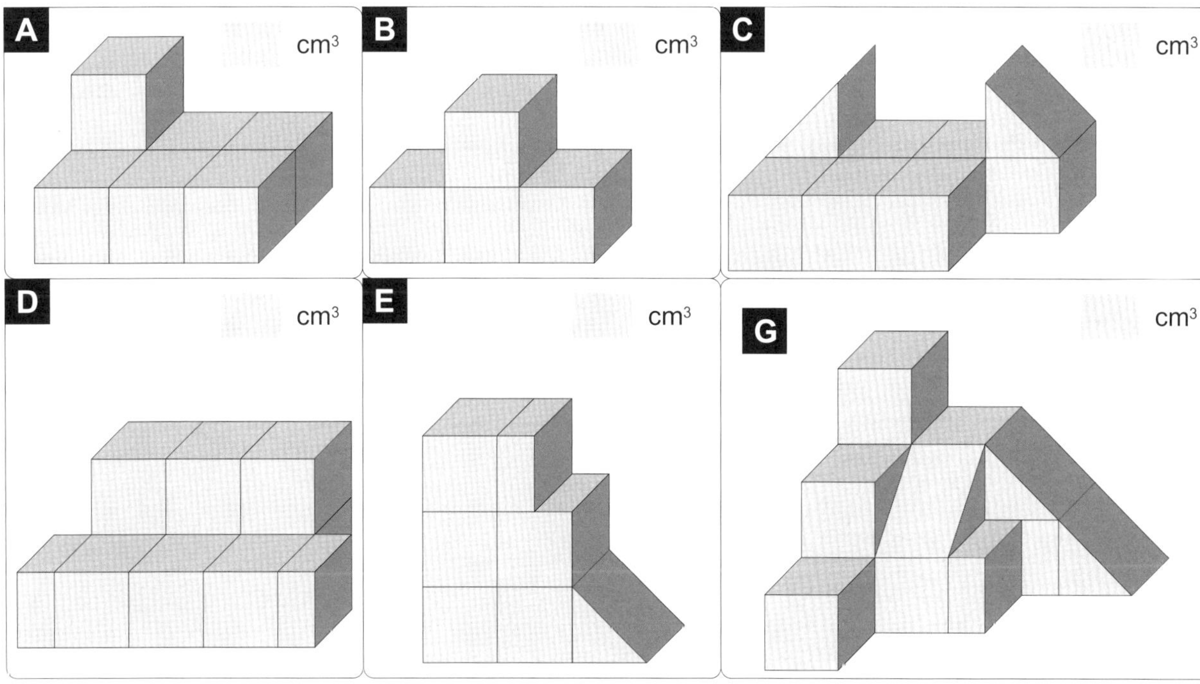

Kohls Stationenlernen Mathematik / 5. Schuljahr - Bestell-Nr. 11 591

E

Station

★

Umwandeln von Volumeneinheiten

A Gebt in der angegebenen Maßeinheit an.
B Gebt in der angegebenen Maßeinheit an.
C Schreibt mit Komma.

A		B		C	
2 dm³	cm³	1 800 dm³	m³	6 dm³ 50 cm³	dm³
5 m³	dm³	40 000 ml	dm³	2 m³ 52 dm³	l
2 l	dm³	2 000 l	m³	5 l 3 ml	l
120 dm³	l	30 000 dm³	l	3 dm³ 20 cm³	dm³
31 m³	l	310 000 ml	m³	31 l 750 ml	dm³
17 dm³	mm³	17 000 mm³	cm³	17 m³ 6 dm³	l
3 l	cm³	550 cm³	dm³	$\frac{1}{2}$ dm³	ml
1,5 dm³	cm³	15 000 dm³	m³	15 dm³ 5 cm³	dm³
0,6 cm³	mm³	600 000 cm³	m³	6 cm³ 70 mm³	cm³
4,2 l	ml	12 000 ml	dm³	2 m³ 750 dm³	m³

P Station

!

Volumen von Körpern

Jeder einzelne Würfel hat die Kantenlänge 1 cm. Bestimmt das Volumen der Körper.

A 7 cm³

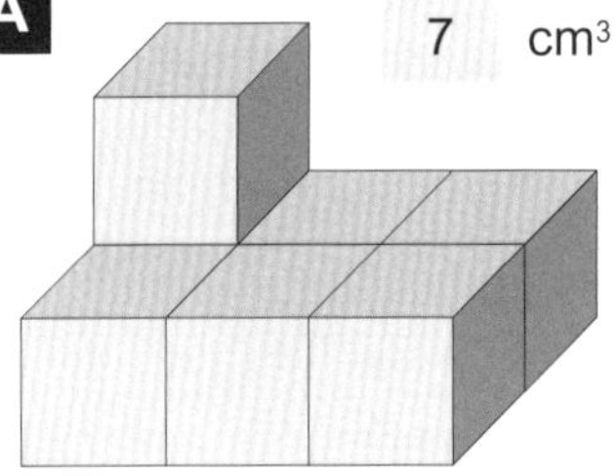

B 4 cm³

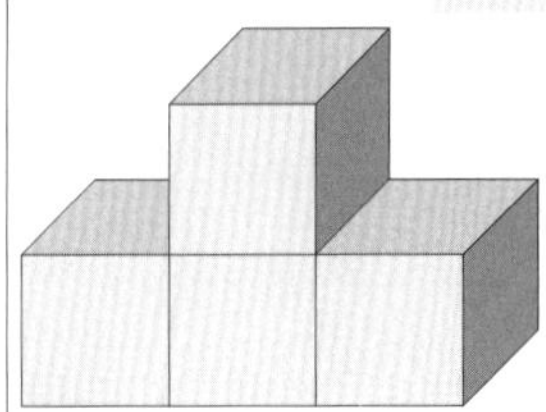

C 8 cm³

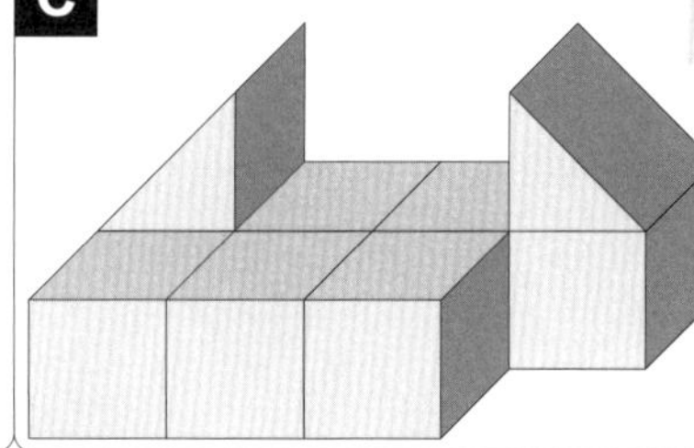

D 10 cm³

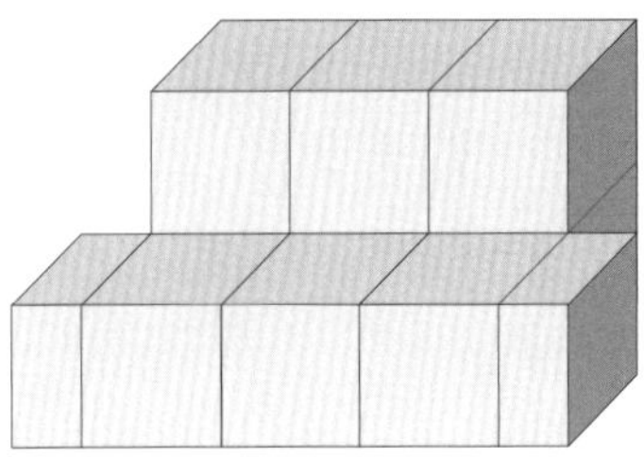

E 6 cm³

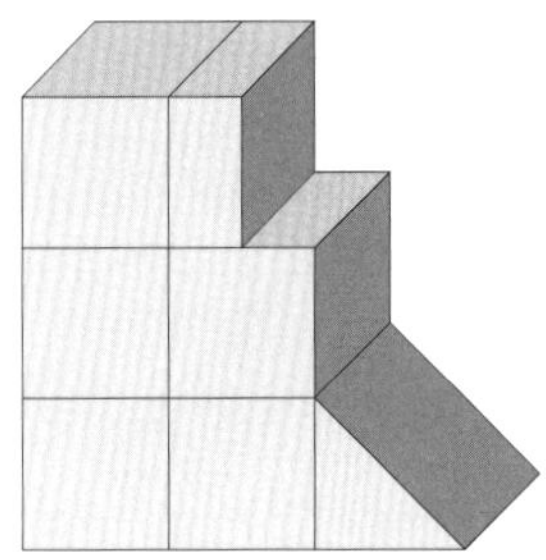

G 12 cm³

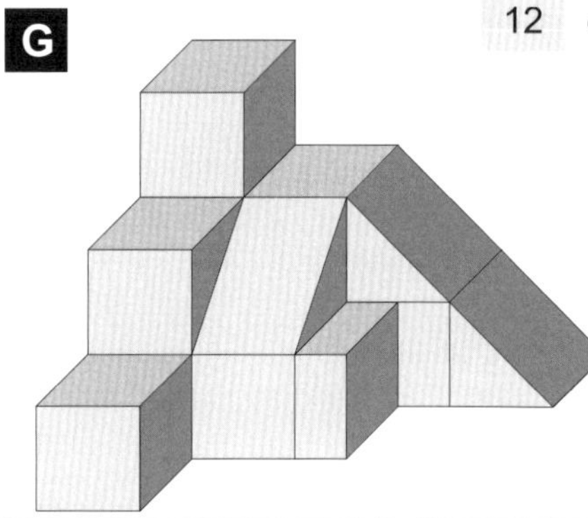

E Station

★

Umwandeln von Volumeneinheiten

A			B			C		
Gebt in der angegebenen Maßeinheit an.			Gebt in der angegebenen Maßeinheit an.			Schreibt mit Komma.		
2 dm³	2 000	cm³	1 800 dm³	1,8	m³	6 dm³ 50 cm³	6,05	dm³
5 m³	5 000	dm³	40 000 ml	40	dm³	2 m³ 52 dm³	2 052	l
2 l	2	dm³	2 000 l	2	m³	5 l 3 ml	5,003	l
120 dm³	120	l	30 000 dm³	30 000	l	3 dm³ 20 cm³	3,02	dm³
31 m³	31 000	l	310 000 ml	0,31	m³	31 l 750 ml	31,75	dm³
17 dm³	17 000 000	mm³	17 000 mm³	17	cm³	17 m³ 6 dm³	17 006	l
3 l	3 000	cm³	550 cm³	0,55	dm³	$\frac{1}{2}$ dm³	500	ml
1,5 dm³	1 500	cm³	15 000 dm³	15	m³	15 dm³ 5 cm³	15,005	dm³
0,6 cm³	600	mm³	600 000 cm³	0,6	m³	6 cm³ 70 mm³	6,07	cm³
4,2 l	4 200	ml	12 000 ml	12	dm³	2 m³ 750 dm³	2,75	m³

Kohls Stationenlernen Mathematik / 5. Schuljahr - Bestell-Nr. 11 591

Kohls Stationenlernen Mathematik / 5. Schuljahr - Bestell-Nr. 11 591

E

Station

★

Spiegeln mit dem Geodreieck

Eine Figur zu spiegeln, ohne ein Gitternetz zur Verfügung zu haben, ist schon ganz schön kompliziert. Versuche es trotzdem mal, die Spiegelbilder mit dem Geodreieck zu erstellen.

A

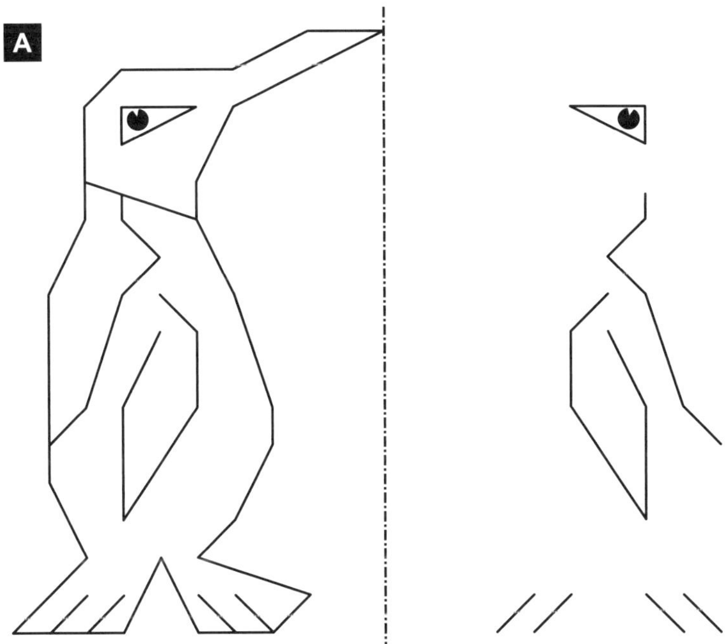

B

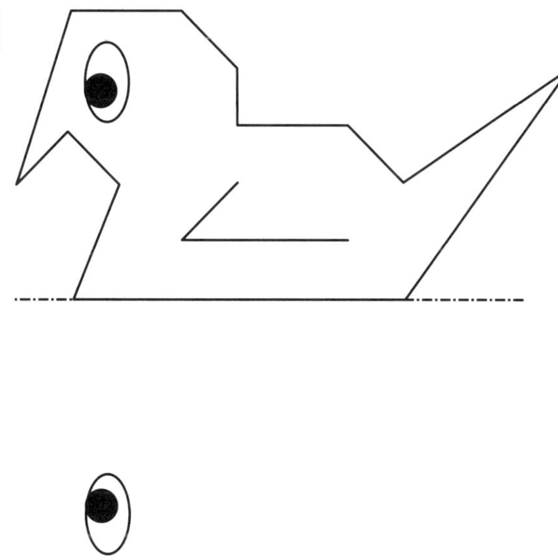

Kohls Stationenlernen Mathematik / 5. Schuljahr - Bestell-Nr. 11 591

P

Station

★

Erzeugung drehsymmetrischer Figuren

Wenn ihr die vorgegebenen Figuren jeweils um zwei Teilstriche (20°) weiterdreht und nachzeichnet, erhaltet ihr wunderschöne drehsymmetrische Figuren, die du und dein Partner farbig ausmalen könnt.

A

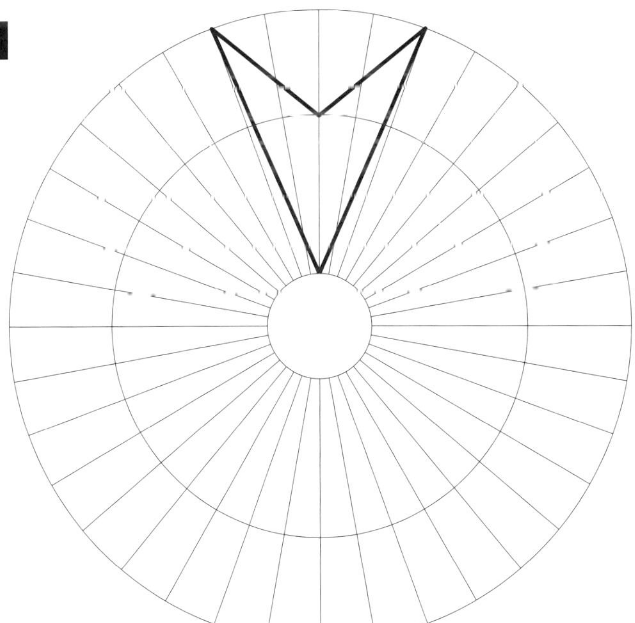

B

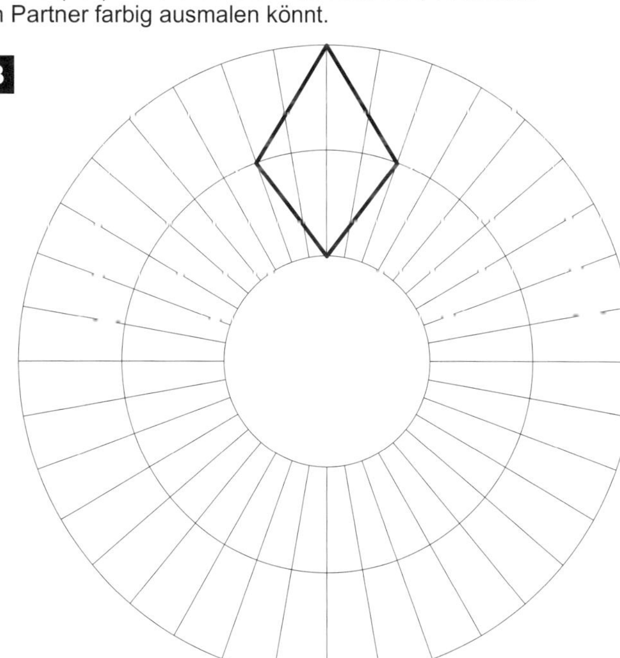

Station E

Spiegeln mit dem Geodreieck

Eine Figur zu spiegeln, ohne ein Gitternetz zur Verfügung zu haben, ist schon ganz schön kompliziert. Versuche es trotzdem mal, die Spiegelbilder mit dem Geodreieck zu erstellen.

A

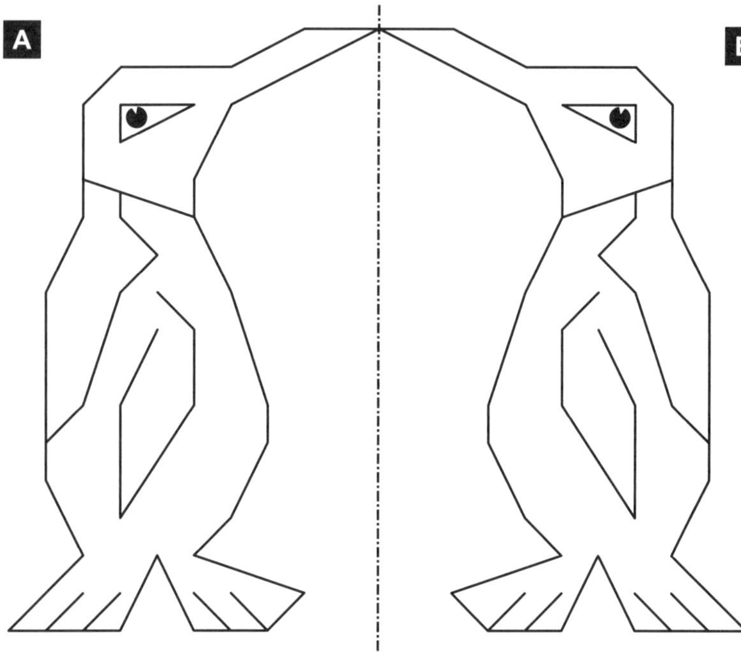

B

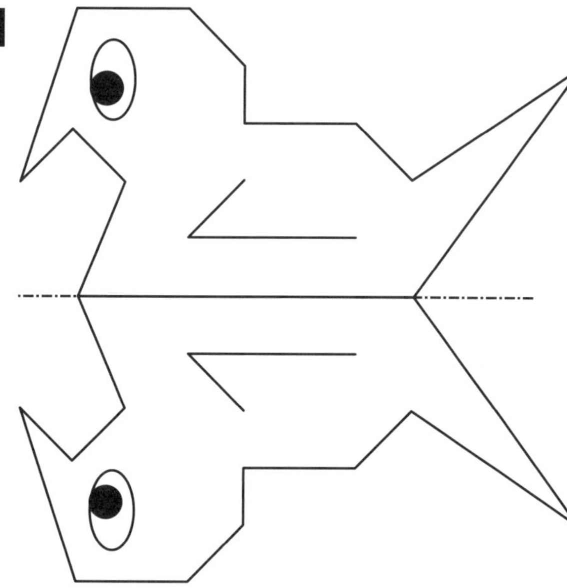

Station P

Erzeugung drehsymmetrischer Figuren

Wenn ihr die vorgegebenen Figuren jeweils um zwei Teilstriche (20°) weiterdreht und nachzeichnet, erhaltet ihr wunderschöne drehsymmetrische Figuren, die du und dein Partner farbig ausmalen könnt.

A

B

Kohls Stationenlernen Mathematik / 5. Schuljahr - Bestell-Nr. 11 591

Kohls Stationenlernen Mathematik / 5. Schuljahr - Bestell-Nr. 11 591

Station P

Maßstab: Sachaufgaben

Löst die Aufgaben. Die Kennbuchstaben bei den richtigen Lösungen ergeben ein Lösungswort.

A

Die Luftlinienentfernung auf einer Karte im Maßstab 1 : 5 000 000 zwischen Frankfurt und Paris wird mit 9 cm gemessen. Wie viele km sind es in Wirklichkeit?

(S) 4500 km (K) 500 km (F) 450 km

B

In einem Biologiebuch ist ein Insekt 42 mm lang abgebildet. Der Maßstab ist 7 : 1. Wie lang ist das Insekt tatsächlich?

(I) 6 mm (A) 7 mm (P) 8 mm

C

Das Modell einer 12,80 m langen Lokomotive ist 40 cm lang. In welchem Maßstab wurde dieses Modell angefertigt?

(A) 1 : 30 (S) 1 : 32 (T) 1 : 35

D

Architekten stellen von ihren Häusern zunächst Modelle her. Wie hoch wird ein Hochhaus, das im Maßstab 1 : 125 genau 50 cm hoch ist?

(C) 62,50 m (Z) 65,00 m (T) 60,00 m

E

Auf einer Landkarte im Maßstab 1 : 30000 wird die Entfernung zwischen zwei Punkten mit 2,5 cm gemessen. Wie groß ist die Entfernung in Wirklichkeit?

(E) 700 m (Z) 725 m (H) 750 m

Lösungswort:

A	B	C	D	E

Kohls Stationenlernen Mathematik / 5. Schuljahr - Bestell-Nr. 11 591

Station F

Symmetrieachsen

Zeichne in die Figuren jeweils alle Symmetrieachsen ein.

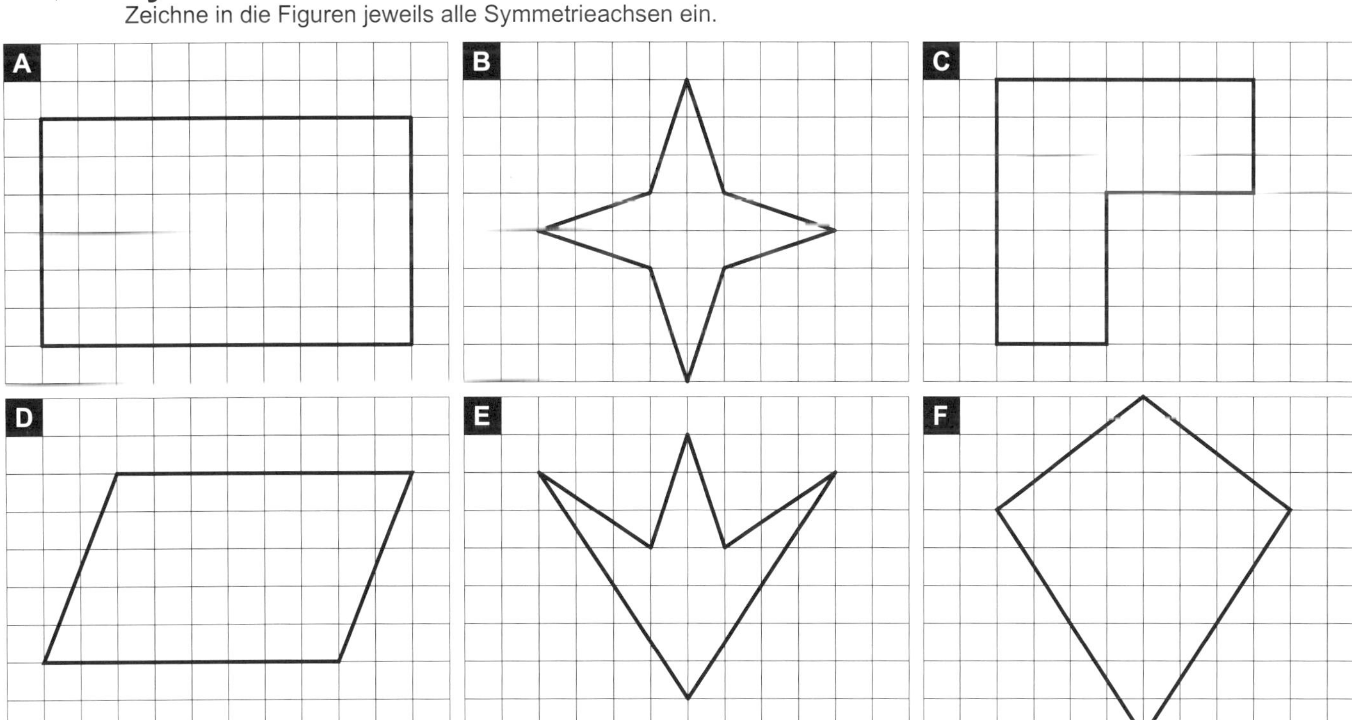

P Station ★

Sachaufgaben: Maßstab

Löst die Aufgaben. Die Kennbuchstaben bei den richtigen Lösungen ergeben ein Lösungswort.

A

Die Luftlinienentfernung auf einer Karte im Maßstab 1 : 5 000 000 zwischen Frankfurt und Paris wird mit 9 cm gemessen. Wie viele km sind es in Wirklichkeit?

F 450 km

B

In einem Biologiebuch ist ein Insekt 42 mm lang abgebildet. Der Maßstab ist 7 : 1. Wie lang ist das Insekt tatsächlich?

I 6 mm

C

Das Modell einer 12,80 m langen Lokomotive ist 40 cm lang. In welchem Maßstab wurde dieses Modell angefertigt?

S 1 : 32

D

Architekten stellen von ihren Häusern zunächst Modelle her. Wie hoch wird ein Hochhaus, das im Maßstab 1 : 125 genau 50 cm hoch ist?

C 62,50 m

E

Auf einer Landkarte im Maßstab 1 : 30000 wird die Entfernung zwischen zwei Punkten mit 2,5 cm gemessen. Wie groß ist die Entfernung in Wirklichkeit?

H 750 m

Lösungswort:

A	B	C	D	E
F	I	S	C	H

Kohls Stationenlernen Mathematik / 5. Schuljahr - Bestell-Nr. 11 591

E Station !

Symmetrieachsen

Zeichne in die Figuren jeweils alle Symmetrieachsen ein.

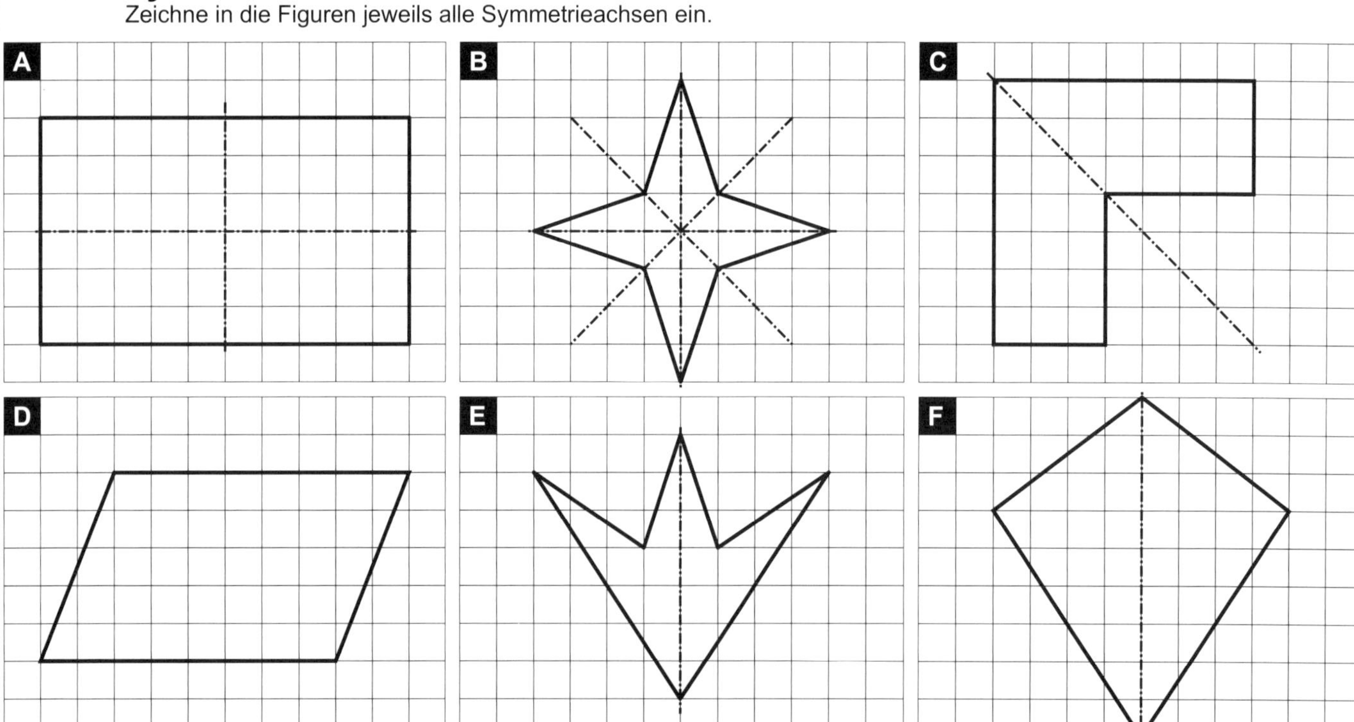

Kohls Stationenlernen Mathematik / 5. Schuljahr - Bestell-Nr. 11 591

Station P

Zeit: Jahr, Monat, Tag, Stunde, Minute, Sekunde

A Gebt in der angegebenen Einheit an.

2 min 25 s		s
10 h 23 min		min
36 min 16 s		s
2 Tage		h
$\frac{1}{2}$ h		min
47 min		s
$1\frac{1}{2}$ Jahr		Monate
21 h 53 min		min
7 Wochen		Tage
$\frac{1}{4}$ Jahr		Monate

B Schreibt mit 2 Maßeinheiten.

85 s		min		s
43 h		Tag		h
110 min		h		min
4213 min		h		min
666 s		min		s
86 Monate		Jahre		Monate
198 min		h		min
461 s		min		s
1386 min		h		min
1208 h		Tage		h

C Setzt <, > oder = ein.

5 min		360 s
15 min		850 s
12 h		750 min
5 Tage		118 h
480 s		8 min
50 h		2 800 min
12 Tage		17 280 min
70 min		4300 s
$\frac{1}{4}$ Jahr		80 Tage
8 Jahre		96 Monate

Kohls Stationenlernen Mathematik / 5. Schuljahr - Bestell-Nr. 11 591

Station E

Zeit: Sachaufgaben

Löse die Aufgaben. Die Kennbuchstaben bei den richtigen Lösungen ergeben ein Lösungswort.

A Der Schall hat eine Geschwindigkeit von circa 340 m in einer Sekunde. Nach welcher Zeit hört man den Donner, wenn das Gewitter 5,1 km entfernt ist?

(P) 15 s (H) 16 s (A) 17 s

B Das Feriencamp beginnt am 24. Juli und endet am 12. August. Wie viele Tage dauert es?

(N) 18 Tage (A) 19 Tage (E) 20 Tage

C Wie viel Zeit ist an diesem Tag vergangen?

(R) 5 h 20 min
(U) 5 h 30 min
(K) 5 h 40 min

D Ines sitzt von 14^{16} Uhr bis 15^{34} Uhr im Bus. Wie lange ist das?

(E) 1 h 16 min (C) 1 h 17 min (L) 1 h 18 min

E Tina fährt 3 h und 20 min mit dem Zug. Abfahrt war um 12^{55} Uhr. Wann kommt sie an?

(H) 16.10 Uhr (E) 16.15 Uhr (R) 16.18 Uhr

Lösungswort:

A	B	C	D	E

Station P

Zeit: Jahr, Monat, Tag, Stunde, Minute, Sekunde

A Gebt in der angegebenen Einheit an.

2 min 25 s	145	s
10 h 23 min	623	min
36 min 16 s	2 176	s
2 Tage	48	h
$\frac{1}{2}$ h	30	min
47 min	2 820	s
$1\frac{1}{2}$ Jahr	18	Monate
21 h 53 min	1 313	min
7 Wochen	49	Tage
$\frac{1}{4}$ Jahr	3	Monate

B Schreibt mit 2 Maßeinheiten.

85 s	1	min	25	s
43 h	1	Tag	19	h
110 min	1	h	50	min
4213 min	70	h	13	min
666 s	11	min	6	s
86 Monate	7	Jahre	2	Monate
198 min	3	h	18	min
461 s	7	min	41	s
1386 min	23	h	6	min
1208 h	50	Tage	8	h

C Setzt <, > oder = ein.

5 min	<	360 s
15 min	>	850 s
12 h	<	750 min
5 Tage	>	118 h
480 s	=	8 min
50 h	>	2 800 min
12 Tage	=	17 280 min
70 min	<	4 300 s
$\frac{1}{4}$ Jahr	>	80 Tage
8 Jahre	=	96 Monate

Kohls Stationenlernen Mathematik / 5. Schuljahr - Bestell-Nr. 11 591

Station E

Zeit: Sachaufgaben

Löse die Aufgaben. Die Kennbuchstaben bei den richtigen Lösungen ergeben ein Lösungswort.

A Der Schall hat eine Geschwindigkeit von circa 340 m in einer Sekunde. Nach welcher Zeit hört man den Donner, wenn das Gewitter 5,1 km entfernt ist?

(P) 15 s

B Das Feriencamp beginnt am 24. Juli und endet am 12. August. Wie viele Tage dauert es?

(E) 20 Tage

C Wie viel Zeit ist an diesem Tag vergangen?

(R) 5 h 20 min

D Ines sitzt von 14^{16} Uhr bis 15^{34} Uhr im Bus. Wie lange ist das?

(L) 1 h 18 min

E Tina fährt 3 h und 20 min mit dem Zug. Abfahrt war um 12^{55} Uhr. Wann kommt sie an?

(E) 16.15 Uhr

Lösungswort:

A	B	C	D	E
P	E	R	L	E

Kohls Stationenlernen Mathematik / 5. Schuljahr - Bestell-Nr. 11 591

Station E

!

Längenmessung mit dem Geodreieck

Herr Longleg wandert für sein Leben gerne. Welche Strecke er einschlägt, entscheidet er ganz nach Gefühl. Miss einmal die Streckenzüge nach. Was ist wohl der längste Weg von A nach B? Ein Zentimeter in der Zeichnung entspricht 500 Meter in Wirklichkeit.

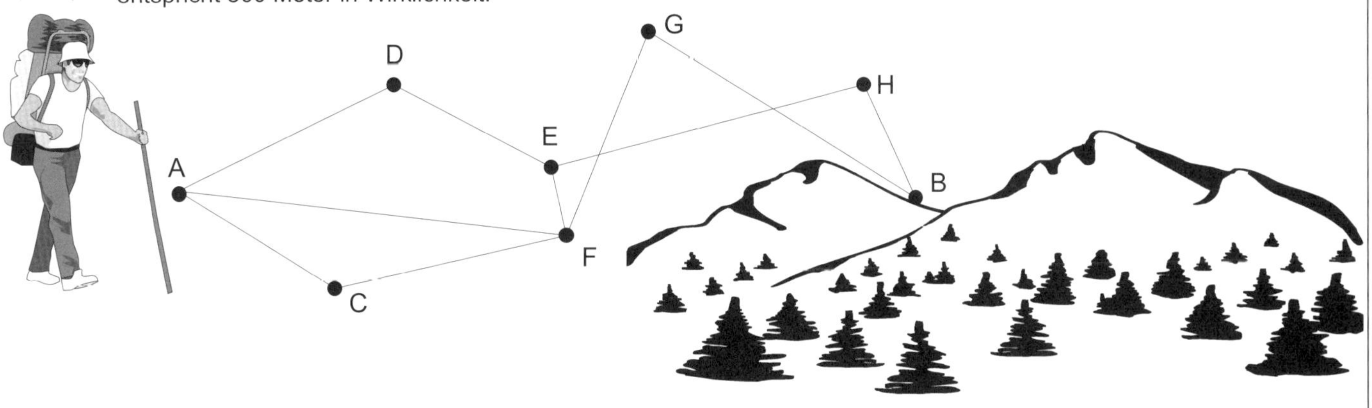

Weg von ... nach	Einzellängen				Gesamtlänge	Wanderstrecke
$\overline{ACFGB}$	$\overline{AC}$	$\overline{CF}$	$\overline{FG}$	$\overline{GB}$	cm	km
$\overline{ADEHB}$	$\overline{AD}$	$\overline{DE}$	$\overline{EH}$	HB	cm	km
$\overline{AFEHB}$	$\overline{AF}$	$\overline{FE}$	$\overline{EH}$	$\overline{HB}$	cm	km

Kohls Stationenlernen Mathematik / 5. Schuljahr - Bestell-Nr. 11 591

Station P

!

Erzeugung drehsymmetrischer Figuren

Dreht die Figuren um den Punkt Z jeweils um 90°, 180°, 270° weiter. Ihr könnt eure Bilder farbig anlegen.

A

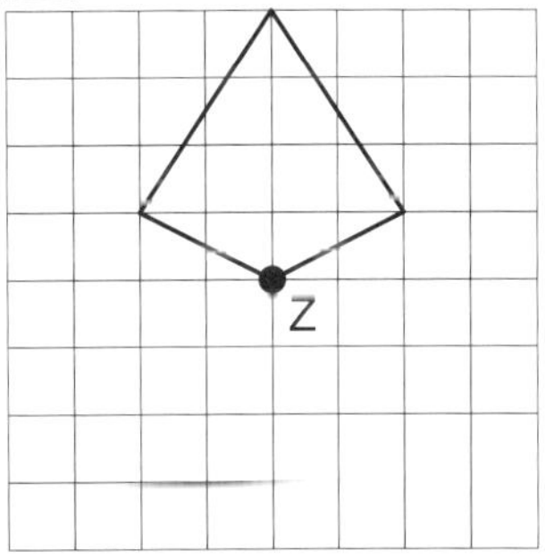

B

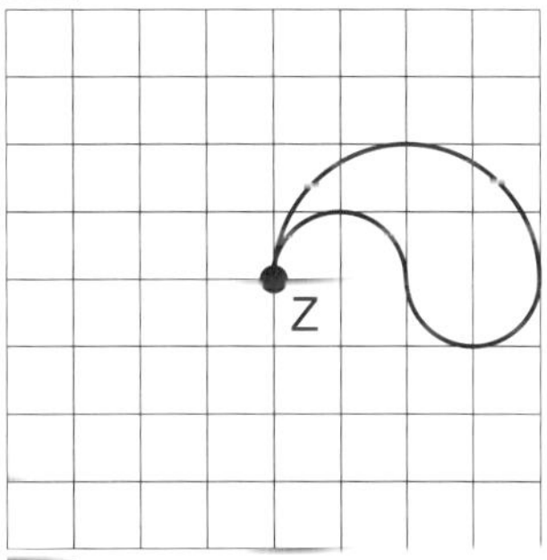

C

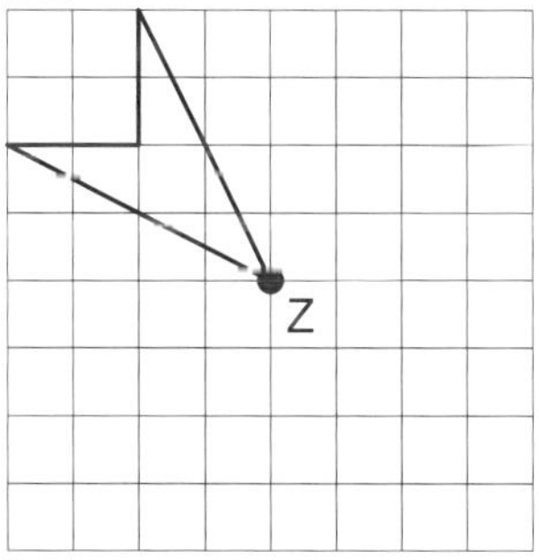

D

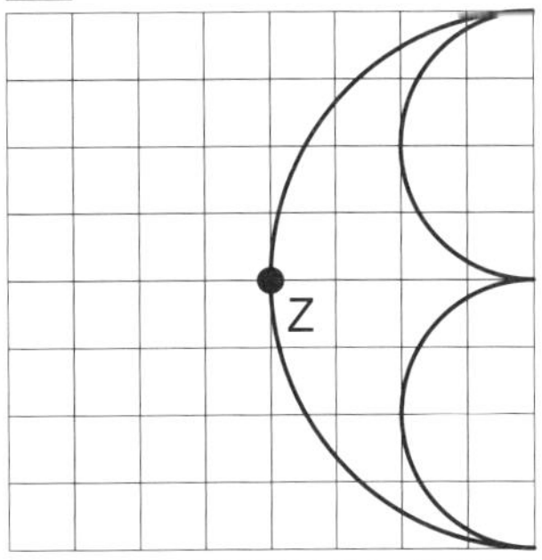

E

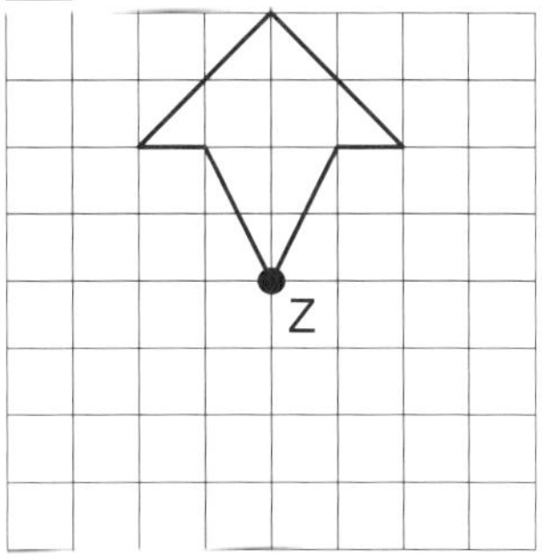

F

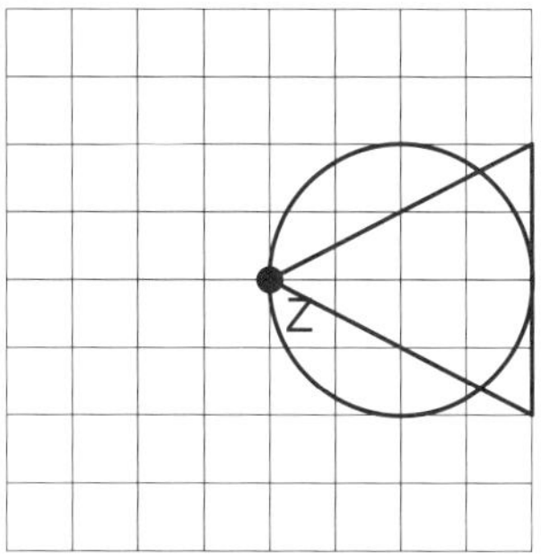

Station E

Längenmessung mit dem Geodreieck

Herr Longleg wandert für sein Leben gerne. Welche Strecke er einschlägt, entscheidet er ganz nach Gefühl. Miss einmal die Streckenzüge nach. Was ist wohl der längste Weg von A nach B? Ein Zentimeter in der Zeichnung entspricht 500 Meter in Wirklichkeit.

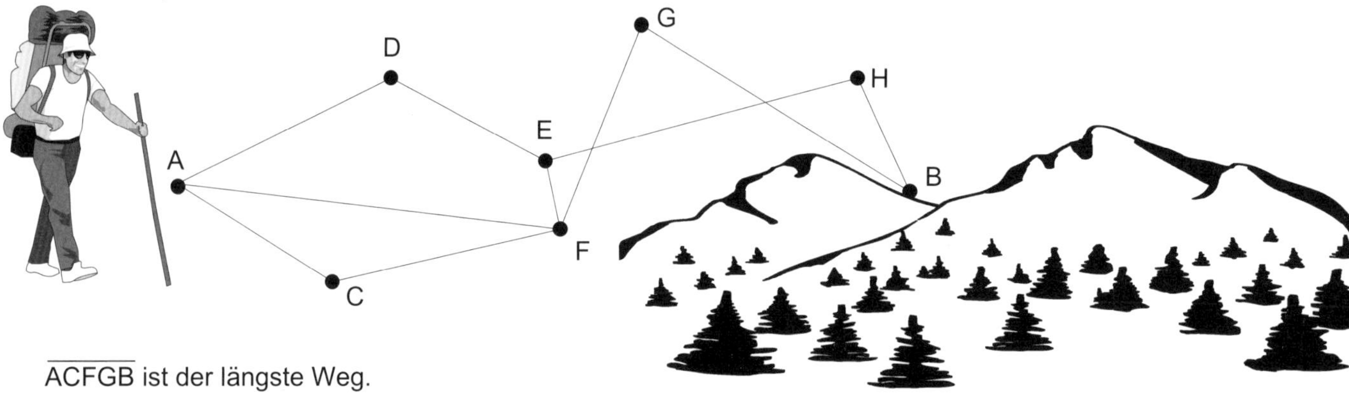

$\overline{ACFGB}$ ist der längste Weg.

Weg von ... nach	Einzellängen				Gesamtlänge	Wanderstrecke
$\overline{ACFGB}$	$\overline{AC}$ 2,4 cm	$\overline{CF}$ 3,2 cm	$\overline{FG}$ 2,9 cm	$\overline{GB}$ 4,2 cm	12,7 cm	6,35 km
$\overline{ADEHB}$	$\overline{AD}$ 3,2 cm	$\overline{DE}$ 2,4 cm	$\overline{EH}$ 4,3 cm	$\overline{HB}$ 1,6 cm	11,5 cm	5,75 km
$\overline{AFEHB}$	$\overline{AF}$ 5,2 cm	$\overline{FE}$ 0,9 cm	$\overline{EH}$ 4,3 cm	$\overline{HB}$ 1,6 cm	12 cm	6 km

Station P

Erzeugung drehsymmetrischer Figuren

Dreht die Figuren um den Punkt Z jeweils um 90°, 180°, 270° weiter. Ihr könnt eure Bilder farbig anlegen.

A

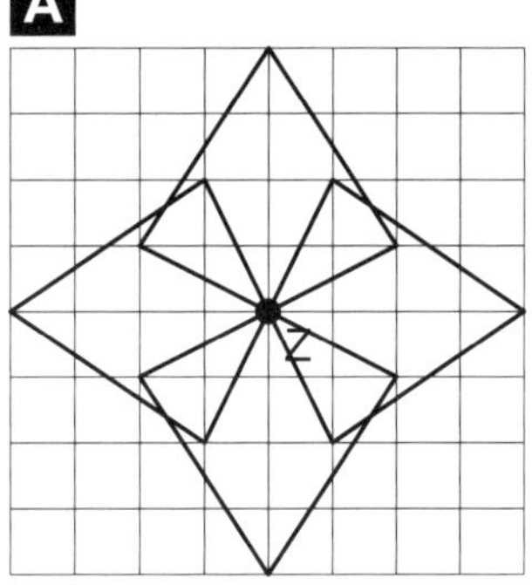

B

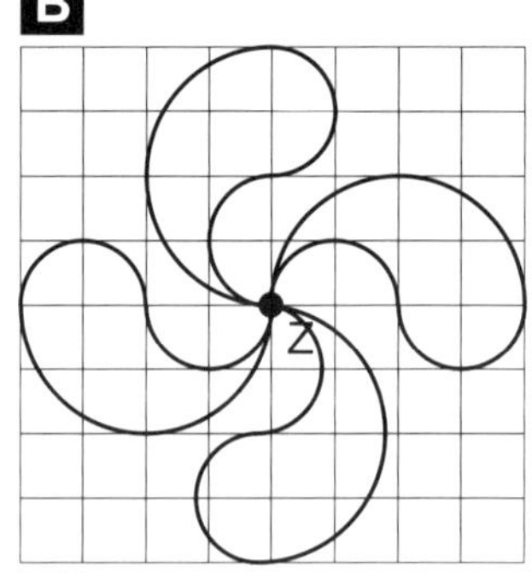

C

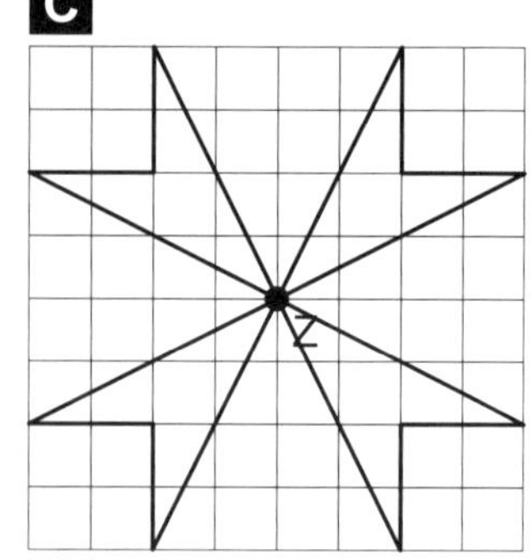

D

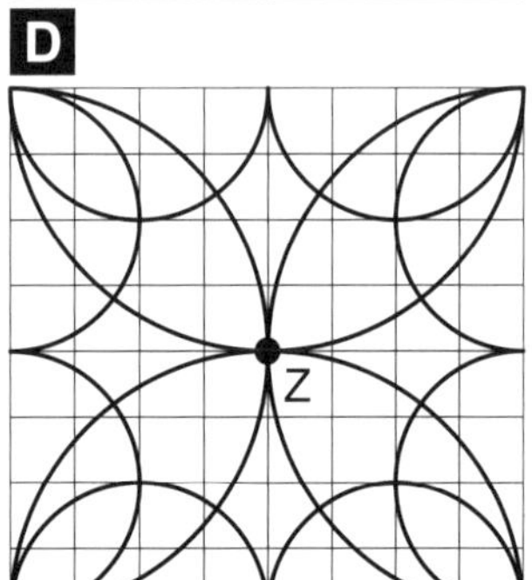

E

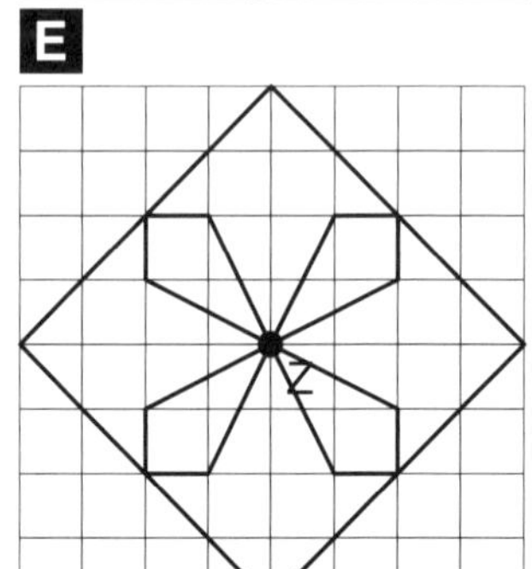

F

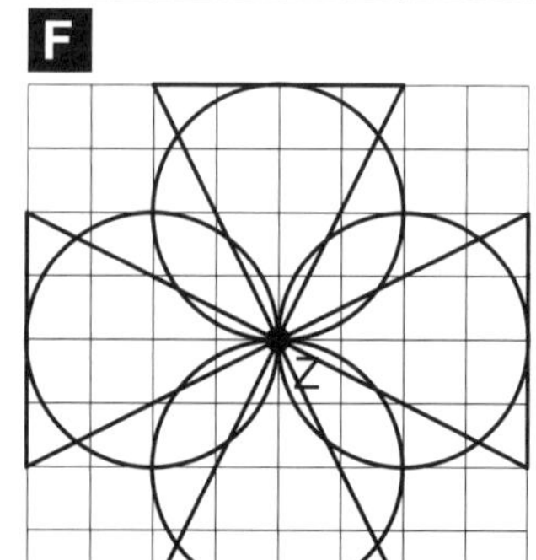

Kohls Stationenlernen Mathematik / 5. Schuljahr - Bestell-Nr. 11 591

Station

Parallel und senkrecht

Tragt in die grauen Felder ein: senkrecht zueinander (⊥) oder nicht senkrecht zueinander(⊥̸).

A

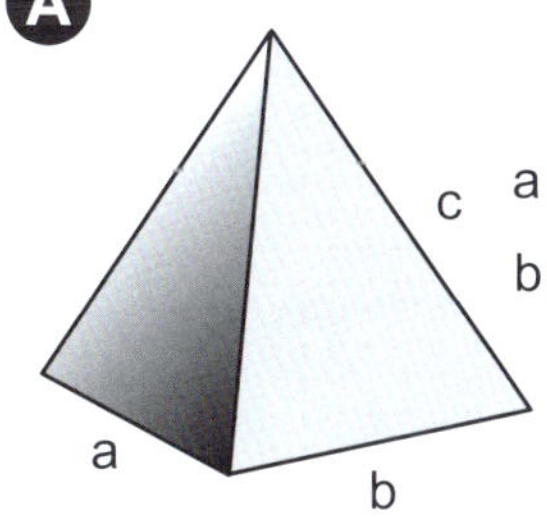

a ⬚ b
b ⬚ c

B

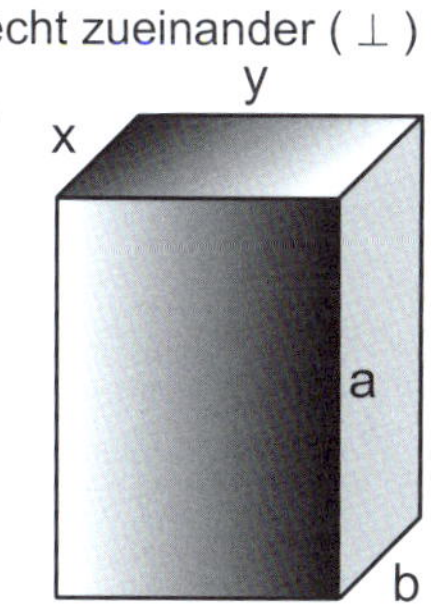

a ⬚ b
x ⬚ y

C

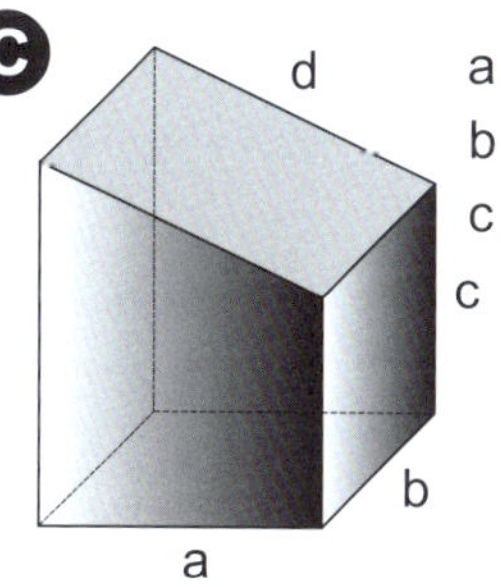

a ⬚ b
b ⬚ c
c ⬚ d

D

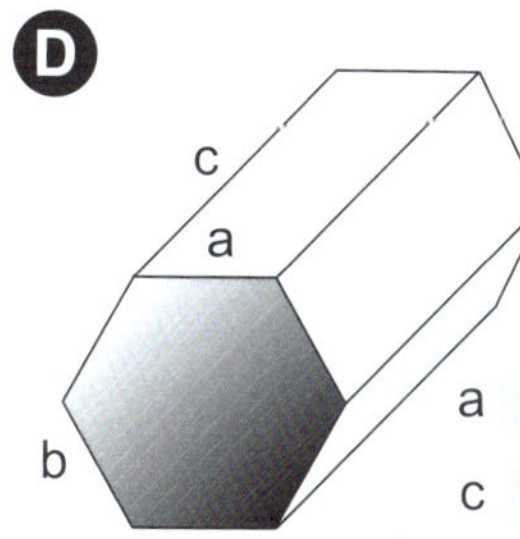

a ⬚ b
c ⬚ a

Tragt in die grauen Felder ein: parallel (| |) oder nicht parallel (∦).

E

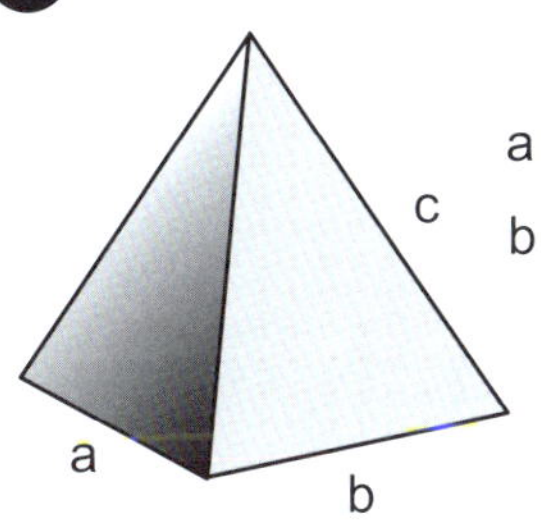

a ⬚ b
b ⬚ c

F

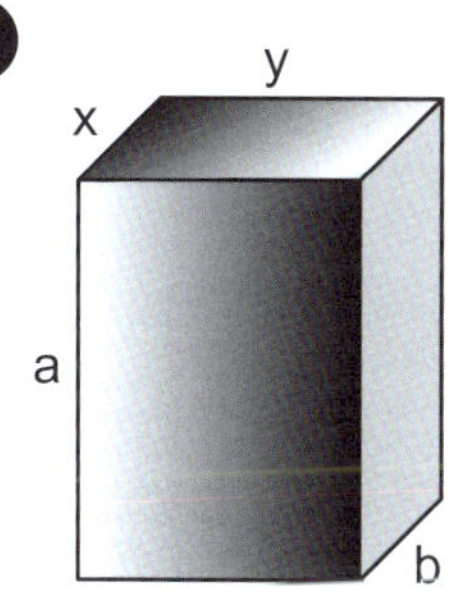

x ⬚ b
y ⬚ a

G

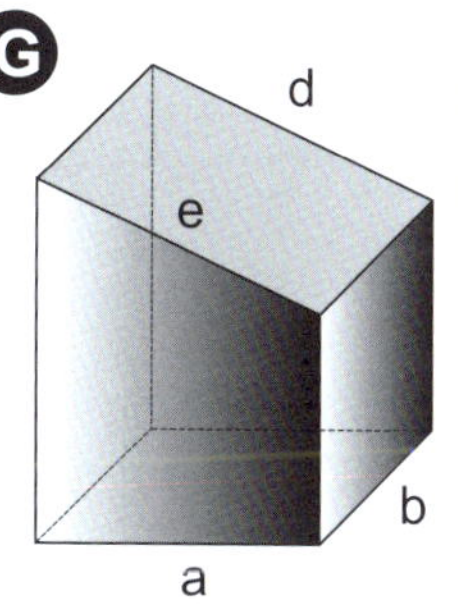

a ⬚ b
d ⬚ e

H

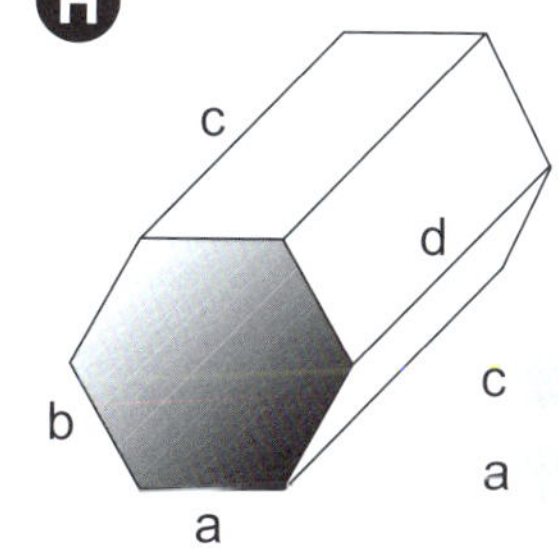

c ⬚ d
a ⬚ b

Station

Multiplikation und Division

Tragt die richtigen Zahlen in die grauen Felder ein.

A		• 2		• 8	48
B		• 6		: 3	14
C		• 9		: 27	5
D		• 6		: 3	46
E		: 6		• 27	81
F		: 9		• 17	85
G		: 7		• 23	207
H		: 8		• 29	203
I		• 4		: 5	20
J		• 2		• 12	216
K		: 3		• 5	145
L		: 7		• 39	195
M		: 4		• 12	144
N		: 17		• 56	168
O		: 5		• 11	187
P		: 4		• 23	391
Q		: 8		• 15	180
R		: 11		• 27	135

Kohls Stationenlernen Mathematik / 5. Schuljahr - Bestell-Nr. 11 591

P

Station

Parallel und senkrecht

Tragt in die grauen Felder ein: senkrecht zueinander (⊥) oder nicht senkrecht zueinander (⊥̸).

A

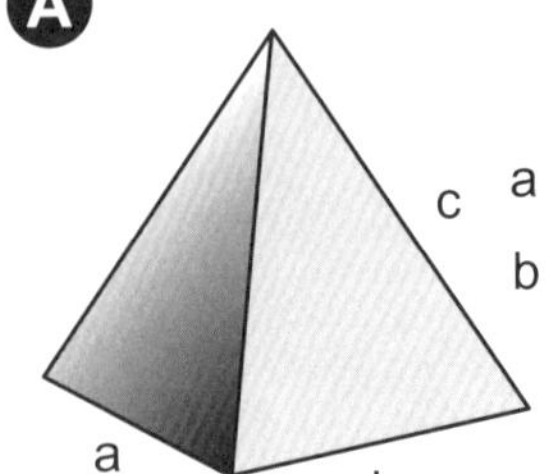

a ⊥ b
b ⊥̸ c

B

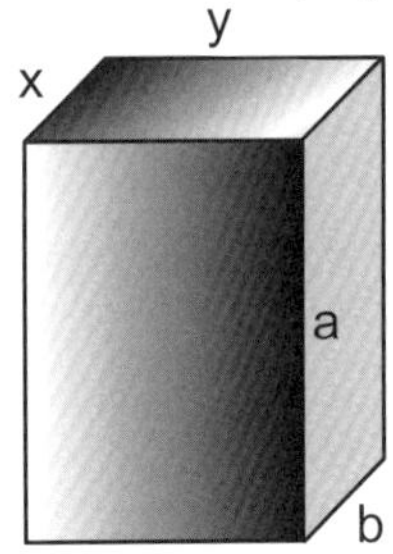

a ⊥ b
x ⊥ y

C

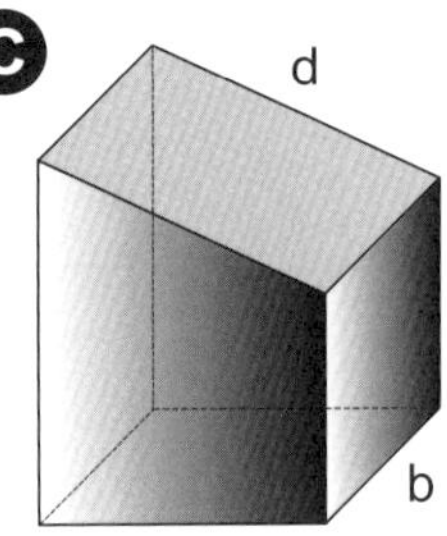

a ⊥ b
b ⊥ c
c ⊥̸ d

D

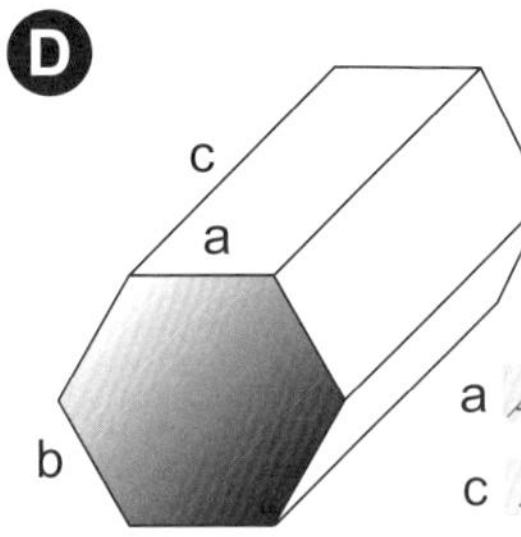

a ⊥̸ b
c ⊥ a

Tragt in die grauen Felder ein: parallel (| |) oder nicht parallel (∦).

E

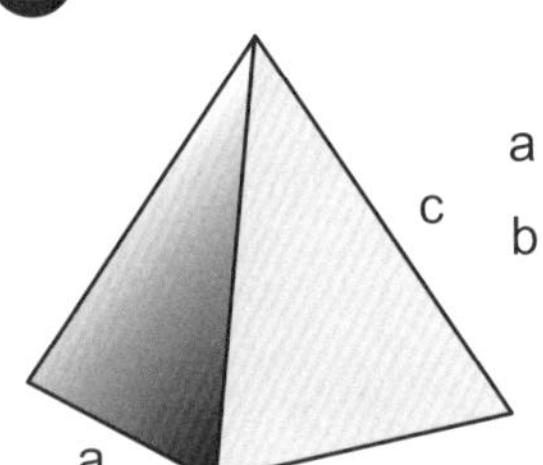

a ∦ b
b ∦ c

F

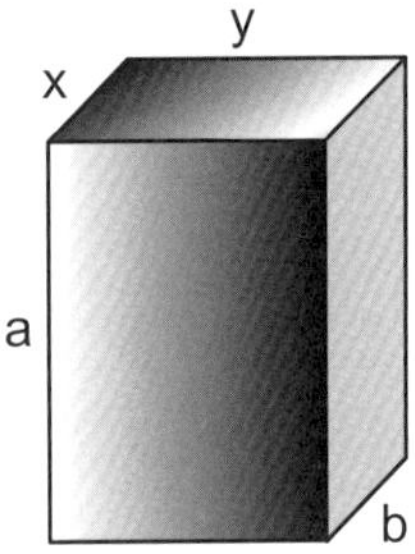

x | | b
y ∦ a

G

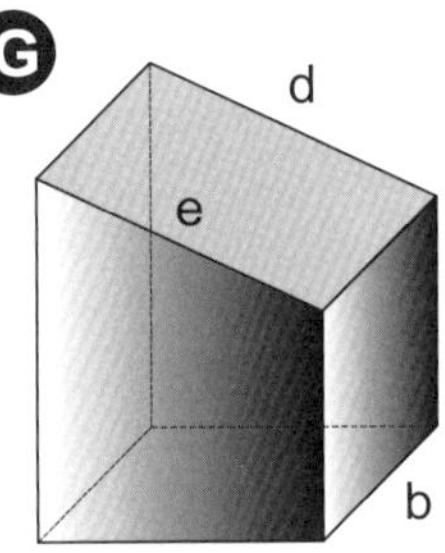

a ∦ b
d | | e

H

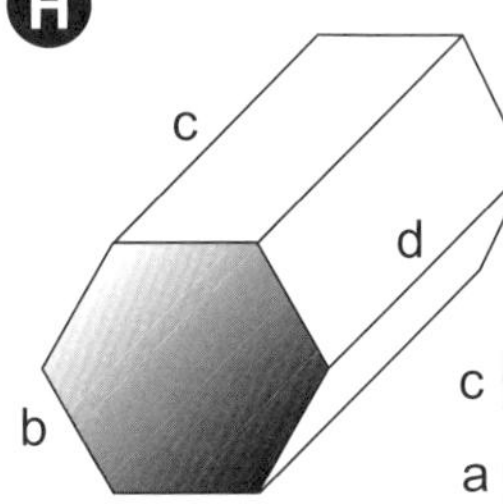

c | | d
a ∦ b

P

Station

Multiplikation und Division

Tragt die richtigen Zahlen in die grauen Felder ein.

A	3	• 2	6	• 8	48
B	7	• 6	42	: 3	14
C	15	• 9	135	: 27	5
D	23	• 6	138	: 3	46
E	18	: 6	3	• 27	81
F	45	: 9	5	• 17	85
G	63	: 7	9	• 23	207
H	56	: 8	7	• 29	203
I	25	• 4	100	: 5	20
J	9	• 2	18	• 12	216
K	87	: 3	29	• 5	145
L	35	: 7	5	• 39	195
M	48	: 4	12	• 12	144
N	51	: 17	3	• 56	168
O	85	: 5	17	• 11	187
P	68	: 4	17	• 23	391
Q	96	: 8	12	• 15	180
R	55	: 11	5	• 27	135

Kohls Stationenlernen Mathematik / 5. Schuljahr - Bestell-Nr. 11 591

Station P

Umwandeln von Gewichten

A Schreibt ohne Komma in der angegebenen Maßeinheit auf.

B Gebt in der angegebenen Maßeinheit an.

C Schreibt mit Komma.

A			B			C		
12,7 t		kg	38000 kg		t	6 kg 25 g		kg
0,7 kg		g	400000 mg		kg	2 g 520 mg		g
2,08 g		mg	2000 g		kg	5 t 3 kg		t
0,03 t		kg	300000 kg		t	3 kg 200 g		kg
5,1 kg		g	310000 g		t	31 t 75 kg		t
0,109 t		kg	170000 mg		g	17 kg 6 g		kg
0,001 kg		mg	5500 kg		t	$\frac{1}{2}$ kg		kg
6,25 g		mg	15000 g		kg	15 t 50 kg		t
0,09 t		g	6000000 mg		kg	6 g 7 mg		g
12 kg		mg	1200 kg		t	2 kg 700 mg		kg

Station E

Gewicht: Sachaufgaben

Löse die Aufgaben. Die Kennbuchstaben bei den richtigen Lösungen ergeben ein Lösungswort.

A Ein kleiner Aufzug darf 250 kg transportieren. Greta wiegt 40 kg, ihre zwei Mitfahrer schätzt sie auf jeweils 85 kg. Wie viele kg könnten noch hinzukommen?

S 50 kg | E 40 kg | T 60 kg

B Ein Schälchen Blaubeeren wiegt 375 g. Wie viel kg wiegen 14 dieser Schälchen?

S 5,25 kg | K 5,5 kg | H 6,75 kg

C Ein kleiner Kolibri wiegt ungefähr 2 g. Wie viele Kolibris wiegen ungefähr so viel wie ein Igel, der 1,25 kg wiegt?

U 6250 | A 6000 | S 625

D Heiko und sein Vater wiegen zusammen 120 kg. Heiko ist nur halb so schwer wie sein Vater. Wie viel kg wiegt sein Vater?

E 90 kg | L 75 kg | I 80 kg

E Eine Giraffe frisst pro Tag 80 kg Blätter. Wie viele Tonnen vertilgt sie in einem Monat mit 30 Tagen?

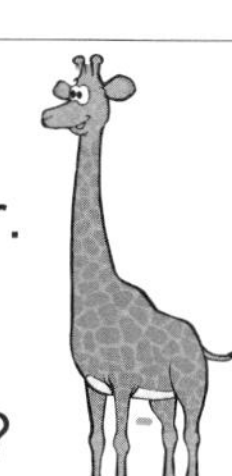

G 2,4 t | A 2,5 t | E 2,6 t

Lösungswort:

A	B	C	D	E

Station P

Umwandeln von Gewichten

A Schreibt ohne Komma in der angegebenen Maßeinheit auf.

B Gebt in der angegebenen Maßeinheit an.

C Schreibt mit Komma.

A			B			C		
12,7 t	12700	kg	38000 kg	38	t	6 kg 25 g	6,25	kg
0,7 kg	700	g	400000 mg	0,4	kg	2 g 520 mg	2,52	g
2,08 g	2 080	mg	2000 g	2	kg	5 t 3 kg	5,003	t
0,03 t	30	kg	300000 kg	300	t	3 kg 200 g	3,2	kg
5,1 kg	5 100	g	310000 g	0,31	t	31 t 75 kg	31,075	t
0,109 t	109	kg	170000 mg	170	g	17 kg 6 g	17,006	kg
0,001 kg	1 000	mg	5500 kg	5,5	t	$\frac{1}{2}$ kg	0,5	kg
6,25 g	6 250	mg	15000 g	15	kg	15 t 50 kg	15,05	t
0,09 t	90 000	g	6000000 mg	6	kg	6 g 7 mg	6,007	g
12 kg	12 000 000	mg	1200 kg	1,2	t	2 kg 700 mg	2,0007	kg

Kohls Stationenlernen Mathematik / 5. Schuljahr - Bestell-Nr. 11 591

Station E

Gewicht: Sachaufgaben

Löse die Aufgaben. Die Kennbuchstaben bei den richtigen Lösungen ergeben ein Lösungswort.

A Ein kleiner Aufzug darf 250 kg transportieren. Greta wiegt 40 kg, ihre zwei Mitfahrer schätzt sie auf jeweils 85 kg. Wie viele kg könnten noch hinzukommen?

E: 40 kg

B Ein Schälchen Blaubeeren wiegt 375 g. Wie viel kg wiegen 14 dieser Schälchen?

S: 5,25 kg

C Ein kleiner Kolibri wiegt ungefähr 2 g. Wie viele Kolibris wiegen ungefähr so viel wie ein Igel, der 1,25 kg wiegt?

S: 625

D Heiko und sein Vater wiegen zusammen 120 kg. Heiko ist nur halb so schwer wie sein Vater. Wie viel kg wiegt sein Vater?

I: 80 kg

E Eine Giraffe frisst pro Tag 80 kg Blätter. Wie viele Tonnen vertilgt sie in einem Monat mit 30 Tagen?

G: 2,4 t

Lösungswort:

A	B	C	D	E
E	S	S	I	G

Kohls Stationenlernen Mathematik / 5. Schuljahr - Bestell-Nr. 11 591

Kohls Stationenlernen Mathematik / 5. Schuljahr - Bestell-Nr. 11 591

E

Station

Brüche zuordnen

!

Welcher Bruchteil ist grau eingefärbt? Die Buchstaben bei den richtigen Antworten ergeben ein Lösungswort.

A

- $\frac{3}{4}$ (H)
- $\frac{3}{5}$ (O)
- $\frac{2}{3}$ (W)

B

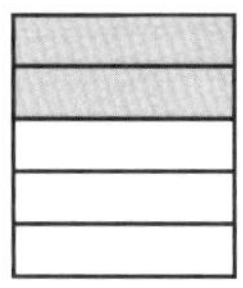

- $\frac{1}{5}$ (R)
- $\frac{1}{3}$ (E)
- $\frac{2}{5}$ (Ü)

C

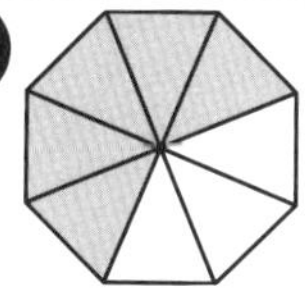

- $\frac{5}{8}$ (H)
- $\frac{5}{9}$ (I)
- $\frac{4}{7}$ (L)

D

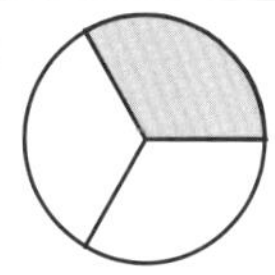

- $\frac{1}{5}$ (T)
- $\frac{1}{3}$ (N)
- $\frac{1}{4}$ (O)

E

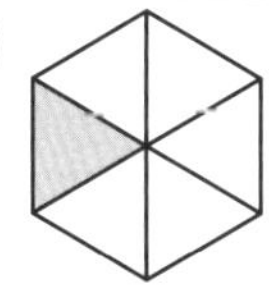

- $\frac{1}{6}$ (E)
- $\frac{1}{5}$ (W)
- $\frac{1}{7}$ (N)

F

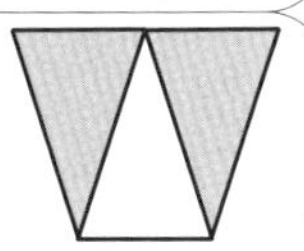

- $\frac{2}{5}$ (U)
- $\frac{1}{3}$ (N)
- $\frac{2}{3}$ (R)

G

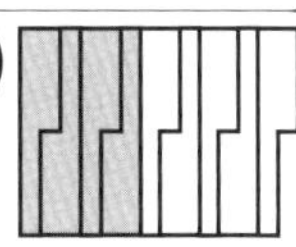

- $\frac{4}{9}$ (A)
- $\frac{5}{9}$ (E)
- $\frac{4}{7}$ (N)

H

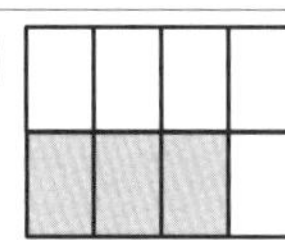

- $\frac{1}{3}$ (D)
- $\frac{3}{8}$ (U)
- $\frac{4}{5}$ (B)

I

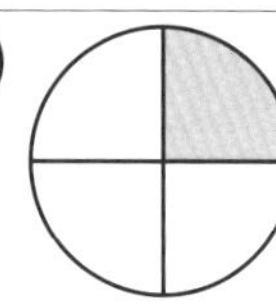

- $\frac{1}{5}$ (E)
- $\frac{1}{3}$ (K)
- $\frac{1}{4}$ (G)

J

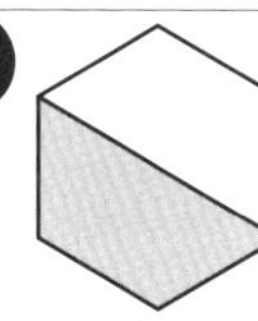

- $\frac{1}{3}$ (L)
- $\frac{1}{2}$ (E)
- $\frac{5}{6}$ (R)

Lösungswort:

A ☐ B ☐ C ☐ D ☐ E ☐ F ☐ G ☐ H ☐ I ☐ J ☐

Kohls Stationenlernen Mathematik / 5. Schuljahr - Bestell-Nr. 11 591

E

Station

Brüche zuordnen

!

Ordne den dargestellten Brüchen die richtige Bruchzahl zu und verbinde die Aufgaben mit den zugehörigen Lösungen. Aus den Buchstaben, die auf den Verbindungslinien liegen, ergibt sich ein Lösungswort.

A

B

C

D

E

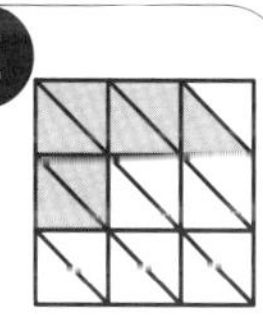

F

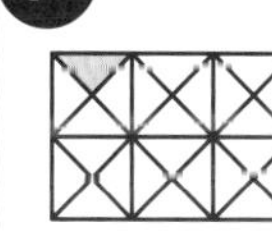

G

M O N

K S Ö G S

H V N

A L P W

B C N E

$\frac{8}{9}$ $\frac{9}{10}$ $\frac{2}{5}$ $\frac{5}{18}$ $\frac{5}{13}$ $\frac{7}{18}$ $\frac{1}{24}$

Lösungswort: A B C D E F G

☐ ☐ ☐ ☐ ☐ ☐ ☐

Station E

Brüche zuordnen

Welcher Bruchteil ist grau eingefärbt? Die Buchstaben bei den richtigen Antworten ergeben ein Lösungswort.

A

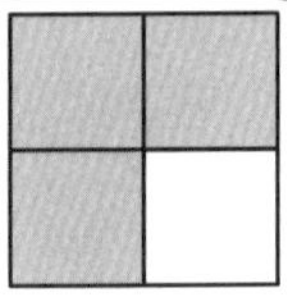

☒ $\frac{3}{4}$ (H)

B

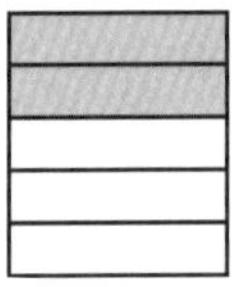

☒ $\frac{2}{5}$ (Ü)

C

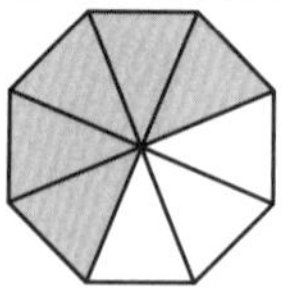

☒ $\frac{5}{8}$ (H)

D

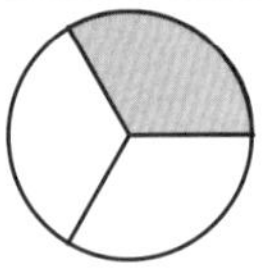

☒ $\frac{1}{3}$ (N)

E

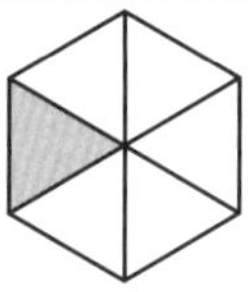

☒ $\frac{1}{6}$ (E)

F

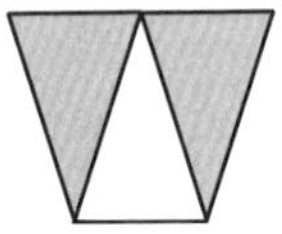

☒ $\frac{2}{3}$ (R)

G

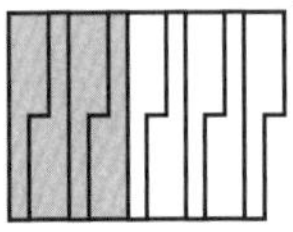

☒ $\frac{4}{9}$ (A)

H

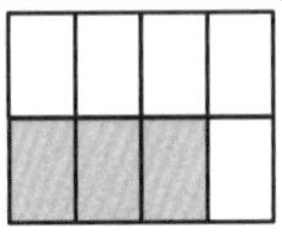

☒ $\frac{3}{8}$ (U)

I

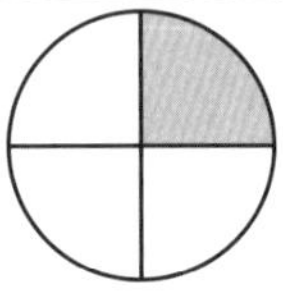

☒ $\frac{1}{4}$ (G)

J

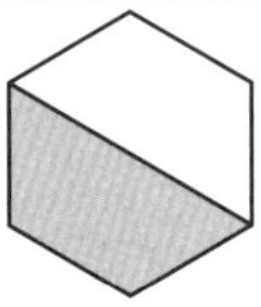

☒ $\frac{1}{2}$ (E)

Lösungswort:

A	H
B	Ü
C	H
D	N
E	E
F	R
G	A
H	U
I	G
J	E

Station E

Brüche zuordnen

Ordne den dargestellten Brüchen die richtige Bruchzahl zu und verbinde die Aufgaben mit den zugehörigen Lösungen. Aus den Buchstaben, die auf den Verbindungslinien liegen, ergibt sich ein Lösungswort.

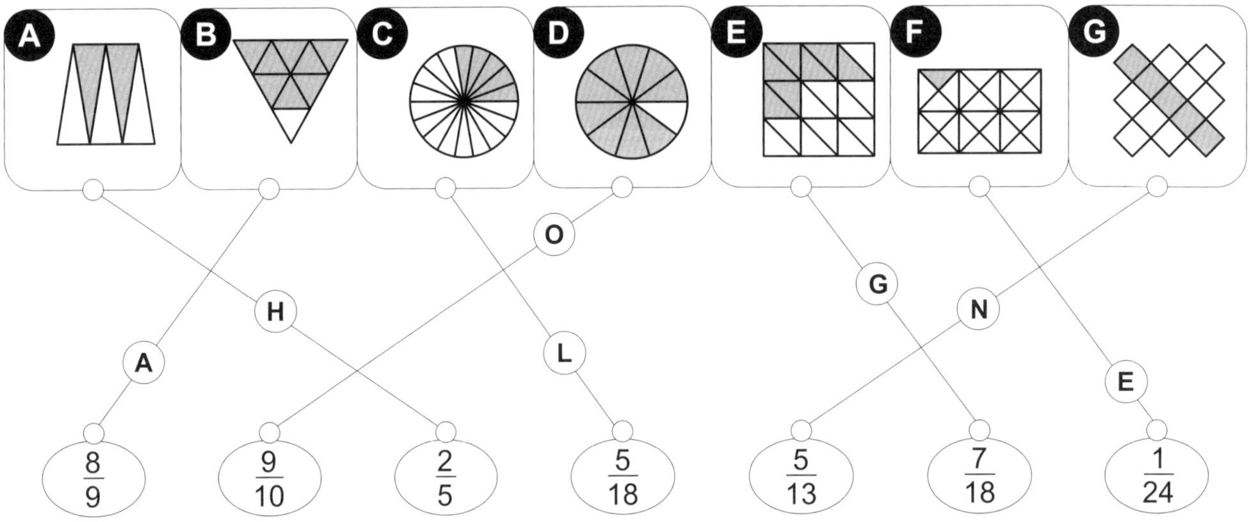

Lösungswort:

A	B	C	D	E	F	G
H	A	L	O	G	E	N

Kohls Stationenlernen Mathematik / 5. Schuljahr - Bestell-Nr. 11 591

Station E

Ausmalen von Bruchteilen

Übertrage die Flächen in dein Heft und male dann den angegebenen Bruchteil der Fläche aus.

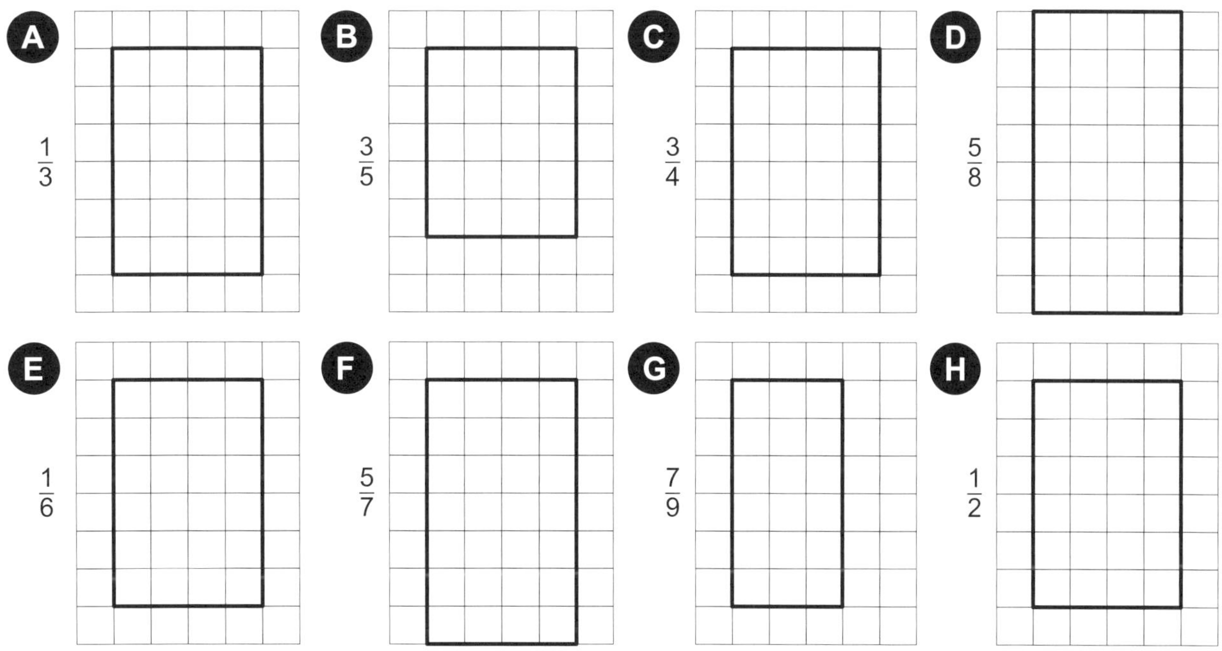

Station P

Bruchteile von Größen

Rechnet jede Aufgabe im Kopf. Verbindet die Aufgabe mit der zugehörigen Lösung. Aus den Kennbuchstaben der richtigen Antworten ergeben sich Lösungswörter.

Aufgabe	Lösung	
A $\frac{1}{7}$ von 350 m² =	60 m²	MI
	70 m²	RE
	50 m²	HO
B $\frac{9}{14}$ von 182 t =	117 t	RO
	118 t	NI
	119 t	VI
C $\frac{2}{9}$ von 360 € =	75 €	GO
	80 €	SK
	90 €	SI
D $\frac{3}{5}$ von 125 cm =	65 cm	LF
	70 cm	ON
	75 cm	OP

Lösungswort:

A	B	C	D

Aufgabe	Lösung	
E $\frac{4}{9}$ von 81 km =	45 km	TA
	36 km	LO
	27 km	WE
F $\frac{5}{6}$ von 720 t =	500 t	BA
	550 t	ST
	600 t	TT
G $\frac{4}{19}$ von 266 m =	56 m	FR
	60 m	KB
	65 m	FA
H $\frac{3}{5}$ von 10 dm =	6 dm	IE
	5 dm	LE
	2 dm	AU

Lösungswort:

E	F	G	H

Kohls Stationenlernen Mathematik / 5. Schuljahr - Bestell-Nr. 11 591

E

Station

!

Ausmalen von Bruchteilen

Übertrage die Flächen in dein Heft und male dann den angegebenen Bruchteil der Fläche aus.

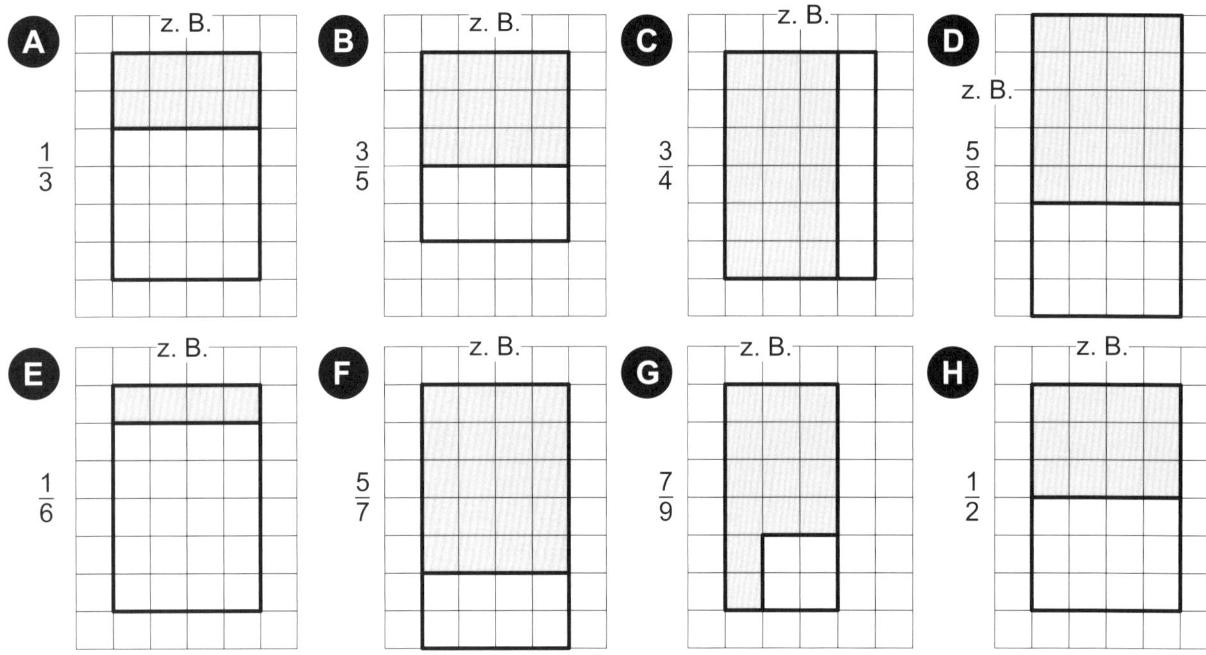

P

Station

★

Bruchteile von Größen

Rechnet jede Aufgabe im Kopf. Verbindet die Aufgabe mit der zugehörigen Lösung. Aus den Kennbuchstaben der richtigen Antworten ergeben sich Lösungswörter.

Aufgabe	Lösung	
A $\frac{1}{7}$ von 350 m² =	50 m²	HO
B $\frac{9}{14}$ von 182 t =	117 t	RO
C $\frac{2}{9}$ von 360 € =	80 €	SK
D $\frac{3}{5}$ von 125 cm =	75 cm	OP

Lösungswort:

A		B		C		D	
H	O	R	O	S	K	O	P

Aufgabe	Lösung	
E $\frac{4}{9}$ von 81 km =	36 km	LO
F $\frac{5}{6}$ von 720 t =	600 t	TT
G $\frac{4}{19}$ von 266 m =	56 m	ER
H $\frac{3}{5}$ von 10 dm =	6 dm	IE

Lösungswort:

E		F		G		H	
L	O	T	T	E	R	I	E

Kohls Stationenlernen Mathematik / 5. Schuljahr - Bestell-Nr. 11 591

Station P ★

Bruchteile von Größen

Tragt eure Lösungen in die grauen Felder ein. Zeichnet rechts im Kontrollfeld eine gerade Linie vom Aufgaben-Buchstaben zur Lösung.

A $\frac{1}{4}$ von ___ ist 10

B $\frac{3}{4}$ von ___ ist 27

C $\frac{5}{8}$ von ___ ist 60

D $\frac{2}{5}$ von ___ ist 48

E $\frac{7}{9}$ von ___ ist 49

F $\frac{5}{6}$ von ___ ist 85

G $\frac{2}{3}$ von ___ ist 62

H $\frac{3}{7}$ von ___ ist 66

I $\frac{1}{6}$ von ___ ist 32

J $\frac{3}{8}$ von ___ ist 96

K $\frac{7}{12}$ von ___ ist 168

L $\frac{3}{10}$ von ___ ist 78

Kontrollfeld:

A	36
B	96
C	40
D	63
E	93
F	102
G	120
H	192
I	288
J	260
K	154
L	256

Station E !

Addition gleichnamiger Brüche

Wie lauten die Aufgaben zur Addition von Brüchen? Was erhältst du als Ergebnis? Färbe die entsprechenden Felder.

A 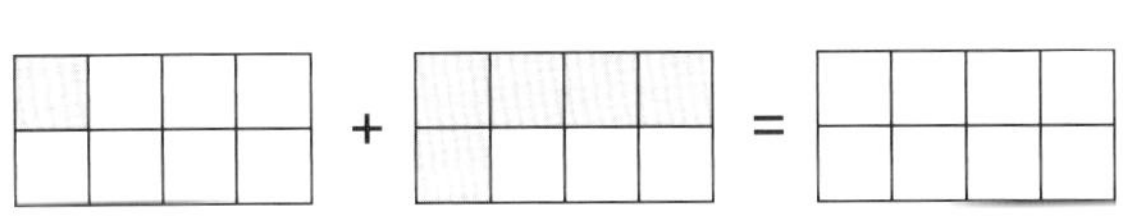

___ + ___ = ___

B 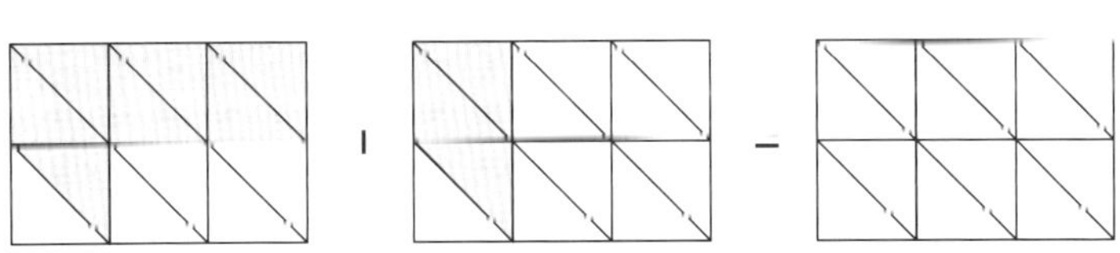

___ + ___ = ___

C 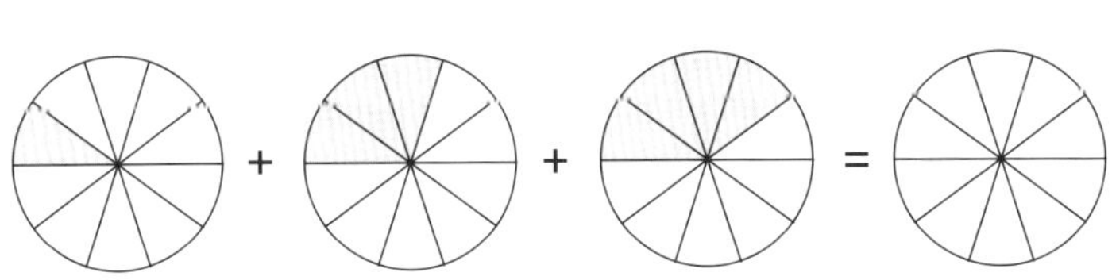

___ + ___ + ___ = ___

D 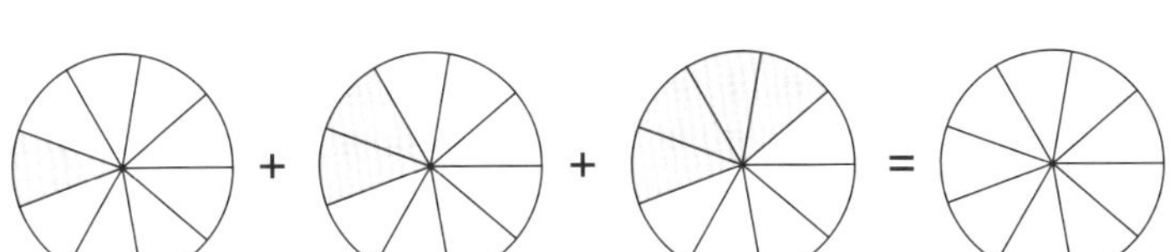

___ + ___ + ___ = ___

Station P

Bruchteile von Größen

Tragt eure Lösungen in die grauen Felder ein. Zeichnet rechts im Kontrollfeld eine gerade Linie vom Aufgaben-Buchstaben zur Lösung.

A $\frac{1}{4}$ von 40 ist 10

B $\frac{3}{4}$ von 36 ist 27

C $\frac{5}{8}$ von 96 ist 60

D $\frac{2}{5}$ von 120 ist 48

E $\frac{7}{9}$ von 63 ist 49

F $\frac{5}{6}$ von 102 ist 85

G $\frac{2}{3}$ von 93 ist 62

H $\frac{3}{7}$ von 154 ist 66

I $\frac{1}{6}$ von 192 ist 32

J $\frac{3}{8}$ von 256 ist 96

K $\frac{7}{12}$ von 288 ist 168

L $\frac{3}{10}$ von 260 ist 78

Kontrollfeld:

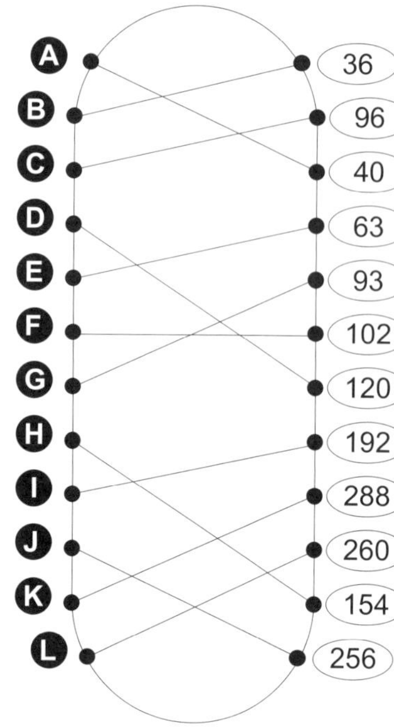

Kohls Stationenlernen Mathematik / 5. Schuljahr - Bestell-Nr. 11 591

Station E

Addition gleichnamiger Brüche

Wie lauten die Aufgaben zur Addition von Brüchen? Was erhältst du als Ergebnis? Färbe die entsprechenden Felder.

A

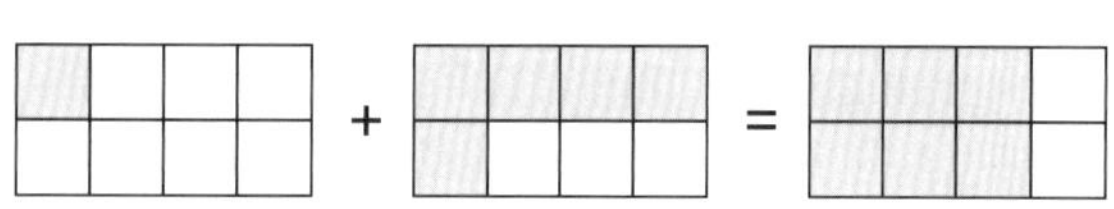

$\frac{1}{8} + \frac{5}{8} = \frac{6}{8}$

B

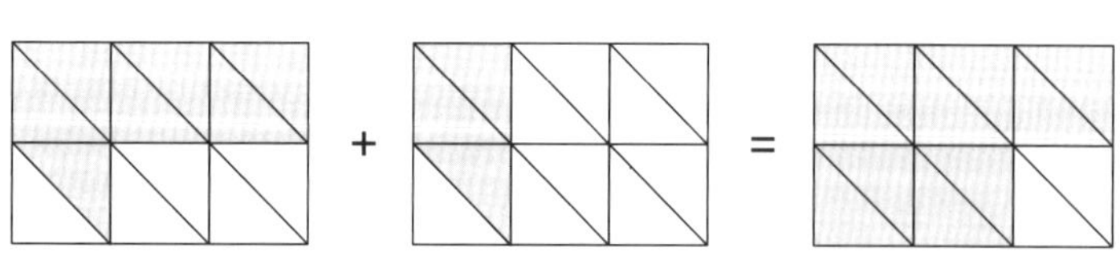

$\frac{7}{12} + \frac{3}{12} = \frac{10}{12}$

C

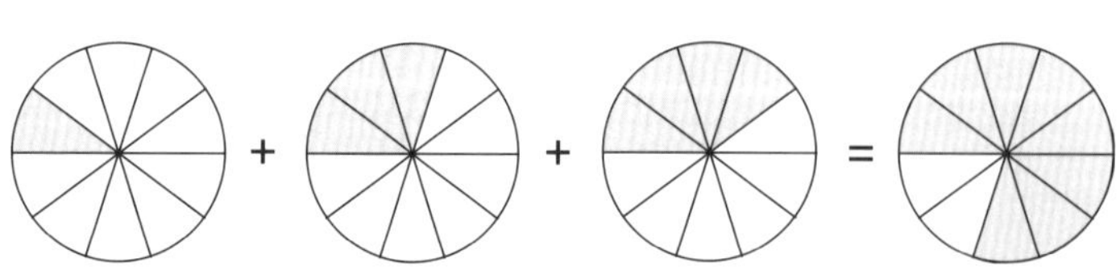

$\frac{1}{10} + \frac{3}{10} + \frac{4}{10} = \frac{8}{10}$

D

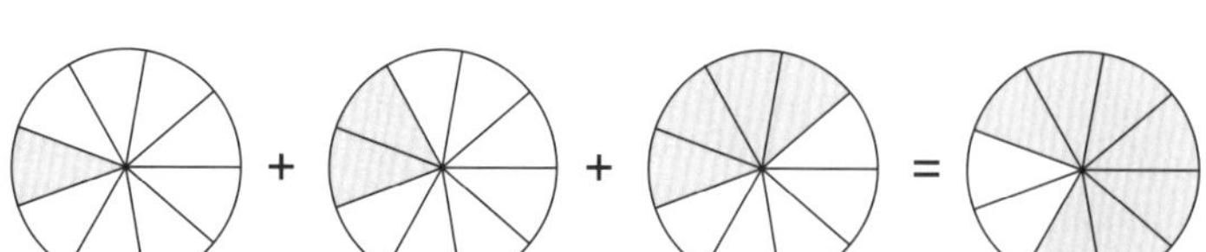

$\frac{1}{9} + \frac{2}{9} + \frac{4}{9} = \frac{7}{9}$

Kohls Stationenlernen Mathematik / 5. Schuljahr - Bestell-Nr. 11 591

E

Station

!

Subtraktion gleichnamiger Brüche

Wie lauten die Aufgaben zur Subtraktion von Brüchen? Was erhältst du als Ergebnis? Färbe die entsprechenden Feldern.

A 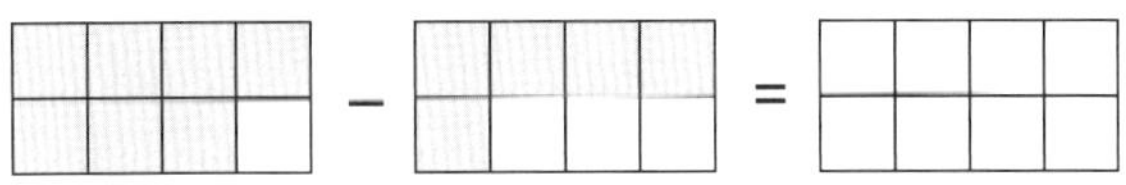

__ − __ = __

B 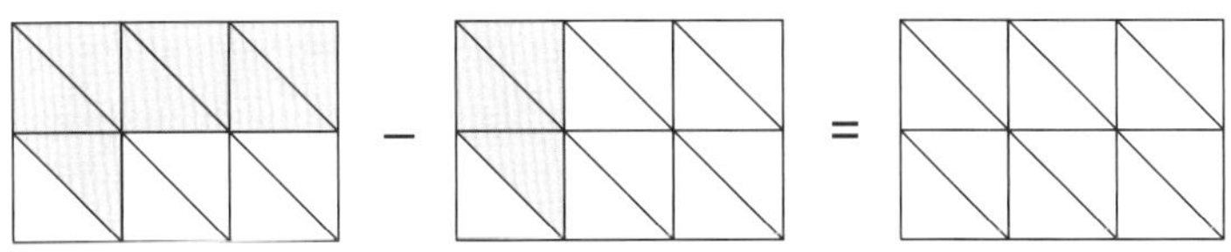

__ − __ = __

C 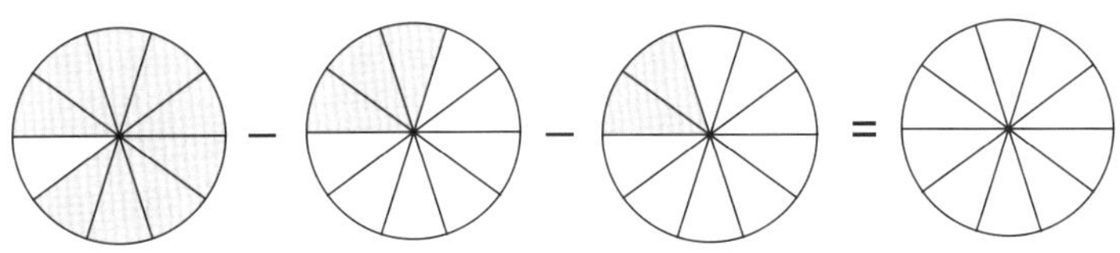

__ − __ − __ = __

D 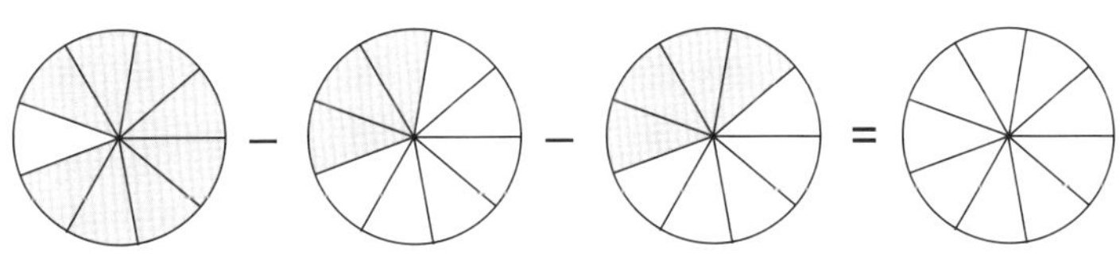

__ − __ − __ = __

Kohls Stationenlernen Mathematik / 5. Schuljahr - Bestell-Nr. 11 591

P

Station

!

Addition und Subtraktion gleichnamiger Brüche

Addiert bzw. subtrahiert die Brüche und tragt die Ergebnisse in die grauen Kästchen ein.

A	B	C	D
$\frac{2}{9} + \frac{5}{9} =$	$\frac{2}{7} + \frac{4}{7} =$	$\frac{1}{3} + \frac{1}{3} =$	$\frac{12}{19} + \frac{5}{19} =$
$\frac{5}{7} - \frac{3}{7} =$	$\frac{5}{9} - \frac{4}{9} =$	$\frac{7}{15} - \frac{3}{15} =$	$\frac{17}{30} - \frac{6}{30} =$
$\frac{1}{5} + \frac{3}{5} =$	$\frac{1}{10} + \frac{7}{10} =$	$\frac{1}{11} + \frac{7}{11} =$	$\frac{2}{7} + \frac{3}{7} =$
$\frac{7}{11} - \frac{4}{11} =$	$\frac{7}{11} - \frac{5}{11} =$	$\frac{7}{10} - \frac{4}{10} =$	$\frac{11}{23} - \frac{6}{23} =$
$\frac{5}{12} + \frac{2}{12} =$	$\frac{3}{8} + \frac{4}{8} =$	$\frac{2}{19} + \frac{11}{19} =$	$\frac{7}{10} + \frac{2}{10} =$
$\frac{5}{8} - \frac{3}{8} =$	$\frac{11}{19} - \frac{5}{19} =$	$\frac{11}{20} - \frac{2}{20} =$	$\frac{6}{7} - \frac{4}{7} =$
$\frac{4}{13} + \frac{5}{13} =$	$\frac{5}{18} + \frac{7}{18} =$	$\frac{7}{17} + \frac{8}{17} =$	$\frac{1}{6} + \frac{3}{6} =$
$\frac{9}{10} - \frac{2}{10} =$	$\frac{9}{11} - \frac{5}{11} =$	$\frac{2}{3} - \frac{1}{3} =$	$\frac{9}{13} - \frac{5}{13} =$

Station E

Subtraktion gleichnamiger Brüche

Wie lauten die Aufgaben zur Subtraktion von Brüchen? Was erhältst du als Ergebnis? Färbe die entsprechenden Felder.

A

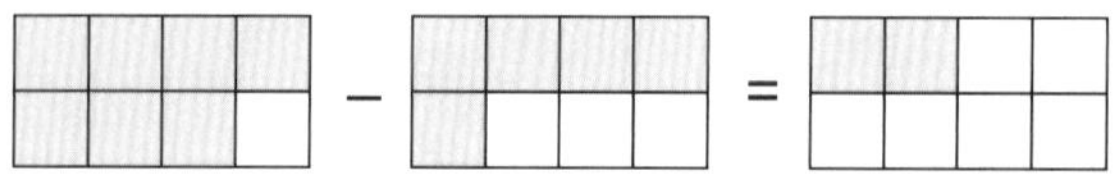

$\frac{7}{8} - \frac{5}{8} = \frac{2}{8}$

B

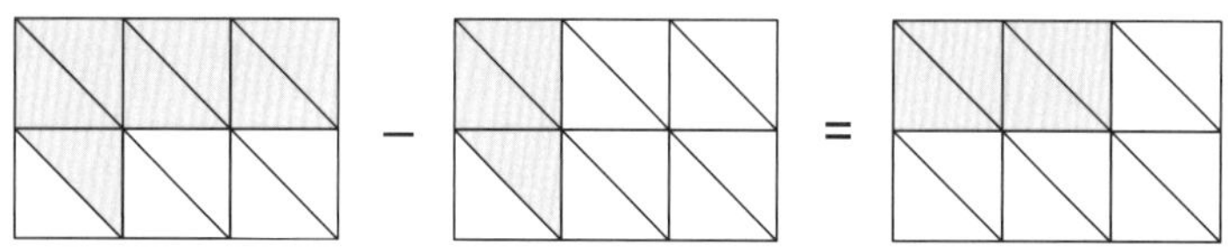

$\frac{7}{12} - \frac{3}{12} = \frac{4}{12}$

C

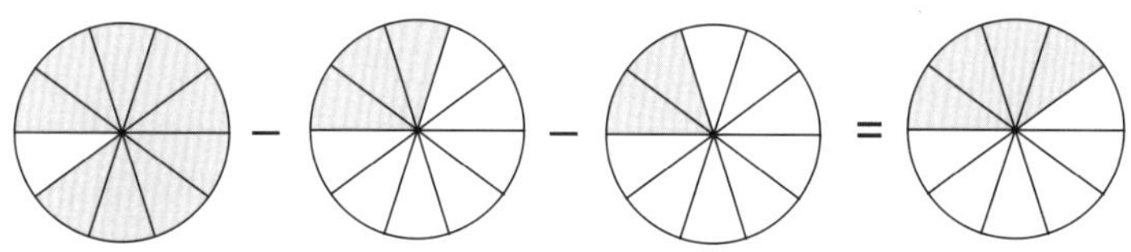

$\frac{9}{10} - \frac{3}{10} - \frac{2}{10} = \frac{4}{10}$

D

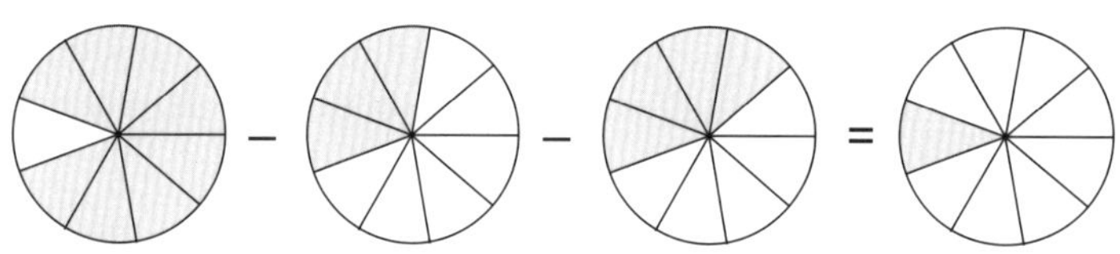

$\frac{8}{9} - \frac{3}{9} - \frac{4}{9} = \frac{1}{9}$

Kohls Stationenlernen Mathematik / 5. Schuljahr - Bestell-Nr. 11 591

Station P

Addition und Subtraktion gleichnamiger Brüche

Addiert bzw. subtrahiert die Brüche und tragt die Ergebnisse in die grauen Kästchen ein.

A

$\frac{2}{9} + \frac{5}{9} = \frac{7}{9}$

$\frac{5}{7} - \frac{3}{7} = \frac{2}{7}$

$\frac{1}{5} + \frac{3}{5} = \frac{4}{5}$

$\frac{7}{11} - \frac{4}{11} = \frac{3}{11}$

$\frac{5}{12} + \frac{2}{12} = \frac{7}{12}$

$\frac{5}{8} - \frac{3}{8} = \frac{2}{8}$

$\frac{4}{13} + \frac{5}{13} = \frac{9}{13}$

$\frac{9}{10} - \frac{2}{10} = \frac{7}{10}$

B

$\frac{2}{7} + \frac{4}{7} = \frac{6}{7}$

$\frac{5}{9} - \frac{4}{9} = \frac{1}{9}$

$\frac{1}{10} + \frac{7}{10} = \frac{8}{10}$

$\frac{7}{11} - \frac{5}{11} = \frac{2}{11}$

$\frac{3}{8} + \frac{4}{8} = \frac{7}{8}$

$\frac{11}{19} - \frac{5}{19} = \frac{6}{19}$

$\frac{5}{18} + \frac{7}{18} = \frac{12}{18}$

$\frac{9}{11} - \frac{5}{11} = \frac{4}{11}$

C

$\frac{1}{3} + \frac{1}{3} = \frac{2}{3}$

$\frac{7}{15} - \frac{3}{15} = \frac{4}{15}$

$\frac{1}{11} + \frac{7}{11} = \frac{8}{11}$

$\frac{7}{10} - \frac{4}{10} = \frac{3}{10}$

$\frac{2}{19} + \frac{11}{19} = \frac{13}{19}$

$\frac{11}{20} - \frac{2}{20} = \frac{9}{20}$

$\frac{7}{17} + \frac{8}{17} = \frac{15}{17}$

$\frac{2}{3} - \frac{1}{3} = \frac{1}{3}$

D

$\frac{12}{19} + \frac{5}{19} = \frac{17}{19}$

$\frac{17}{30} - \frac{6}{30} = \frac{11}{30}$

$\frac{2}{7} + \frac{3}{7} = \frac{5}{7}$

$\frac{11}{23} - \frac{6}{23} = \frac{5}{23}$

$\frac{7}{10} + \frac{2}{10} = \frac{9}{10}$

$\frac{6}{7} - \frac{4}{7} = \frac{2}{7}$

$\frac{1}{6} + \frac{3}{6} = \frac{4}{6}$

$\frac{9}{13} - \frac{5}{13} = \frac{4}{13}$

Kohls Stationenlernen Mathematik / 5. Schuljahr - Bestell-Nr. 11 591

TIPP-KARTE
Schriftliche Addition

Beispiel:

	1	2	9	5
+	2	9	7	8

	1	2	9	5
+	2_1	9_1	7_1	8
	4	2	7	3

a) Addiere zuerst die Einer: 8 + 5 = 13.
Schreibe 3 hin und merke dir 1.

b) Addiere dann die Zehner: 1 + 7 + 9 = 17.
Schreibe 7 hin und merke dir 1.

c) Addiere dann die Hunderter: 1 + 9 + 2 = 12.
Schreibe 2 hin und merke dir 1.

c) Addiere dann die Tausender: 1 + 2 + 1 = 4.
Schreibe 4 hin.
Ergebnis: 4273.

TIPP-KARTE
Schriftliche Subtraktion

Beispiel:

	6	6	5
–	2	6	8

	6	6	5
–	2_1	6_1	8
	3	9	7

a) Subtrahiere die Einer voneinander:
5 – 8 geht nicht, leihe dir einen Zehner.
15 – 8 = 7. Schreibe 7 hin und merke dir den geliehenen Zehner.

b) Subtrahiere die Zehner voneinander:
6 – 6 – 1 geht nicht, leihe dir einen Hunderter.
16 – 6 – 1 = 9. Schreibe 9 hin und merke dir den geliehenen Hunderter.

c) Subtrahiere die Hunderter:
6 – 2 – 1 = 3. Schreibe 3 hin.
Ergebnis: 397.

TIPP-KARTE
Runden von Zahlen

(1) Suche die Rundungsstelle (Zehner, Hunderter, Tausender, ...)

(2) Ist die Ziffer rechts von der Rundungsstelle kleiner als 5, so wird abgerundet. Der Zahlenwert der Rundungsstelle bleibt unverändert. Alle Ziffern rechts der Rundungsstelle werden 0.

Beispiel: Runde 76 549 auf Hunderter
76 549 ≈ 76 500

(3) Ist die Ziffer rechts von der Rundungsstelle 5, 6, 7, 8 oder 9, so wird aufgerundet. Der Zahlenwert der Rundungsstelle wird um 1 erhöht. Alle Ziffern rechts der Rundungsstelle werden 0.

Beispiel: 76 559 ≈ 76 600

TIPP-KARTE
Maßstab (Verkleinern)

Oftmals müssen besonders große Dinge verkleinert dargestellt werden, um sie überhaupt auf Papier bringen zu können. Damit man weiß, wie groß sie in Wirklichkeit sind, wird der **Maßstab der Verkleinerung** angegeben.

Beispiel:

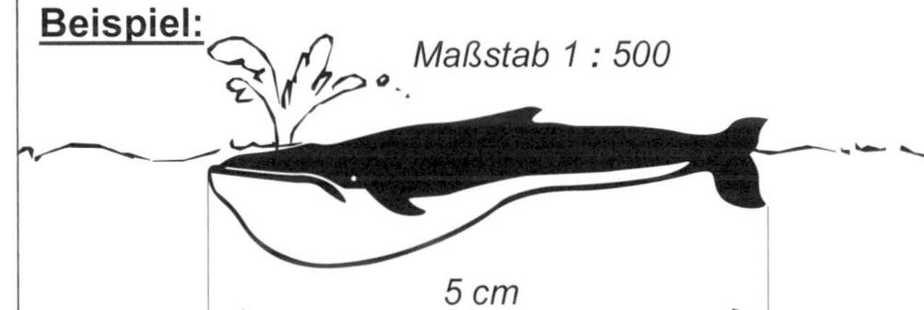

***Maßstab 1 : 500** bedeutet, dass eine Strecke von 1 cm auf einer Zeichnung in Wirklichkeit 500 cm (5 m) lang ist. Der Blauwal ist also in Wirklichkeit 2500 cm oder 25 m lang.*

TIPP-KARTE
Maßstab (Vergrößern)

Oftmals müssen besonders kleine Dinge vergrößert dargestellt werden, um Einzelheiten besser erkennen zu können. Damit man weiß, wie klein sie in Wirklichkeit sind, wird der **Maßstab der Vergrößerung** angegeben.

Beispiel:

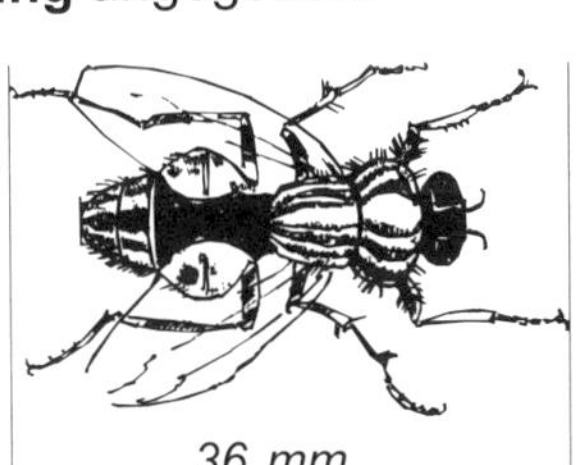

***Maßstab 4 : 1** bedeutet, dass die Fliege viermal so klein ist wie gezeichnet. Sie ist also nicht 36 mm lang, sondern nur 9 mm.*

TIPP-KARTE
Maßeinheiten für Rauminhalte

Merke dir für die Umrechnung:

- **1 m³ = 1 000 dm³**
  Beispiel: 2,5 m³ = 2 500 dm³
- **1 dm³ = 1 000 cm³**
  Beispiel: 26 dm³ = 2 600 cm³
- **1 cm³ = 1 000 mm³**
  Beispiel: 0,4 cm³ = 400 mm³
- **1 dm³ = 1 l (1 Liter)**
  1 m³ = 1 000 l
  1 cm³ = 1 ml (1 Milliliter)

TIPP-KARTE
Ebene Figuren

Ebene Figuren bestehen aus einer Fläche. Sie werden meist nach der Anzahl ihrer Ecken benannt.

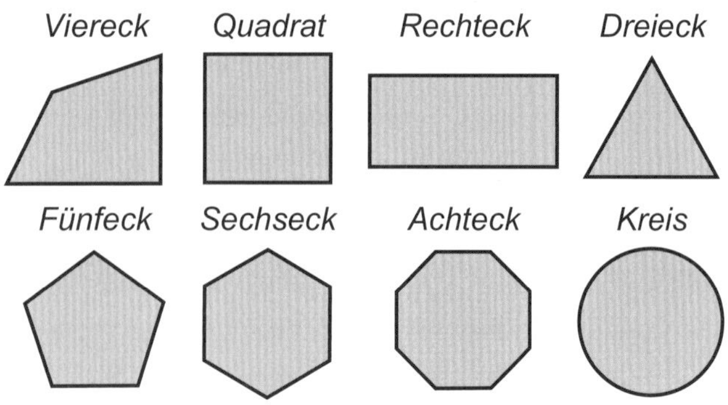

*Bei ebenen Figuren kann man den **Umfang** berechnen. Dafür werden alle Seitenlängen der Figur addiert. Das geht beim Kreis leider nicht.*

TIPP-KARTE
Flächeninhalt

Der **Flächeninhalt** einer Figur gibt an, wie groß die eingeschlossene Fläche dieser Figur ist. Den Flächeninhalt ermittelt man, indem man die Figur mit **Einheitsquadraten** auslegt. Einheitsquadrate sind z. B. Quadrate mit einer Seitenlänge von 1 mm, 1 cm, 1 dm, 1 m oder 1 km.

Einheitsquadrat 1 cm^2 In 1 cm^2 passen 100 mm^2

Beispiel:

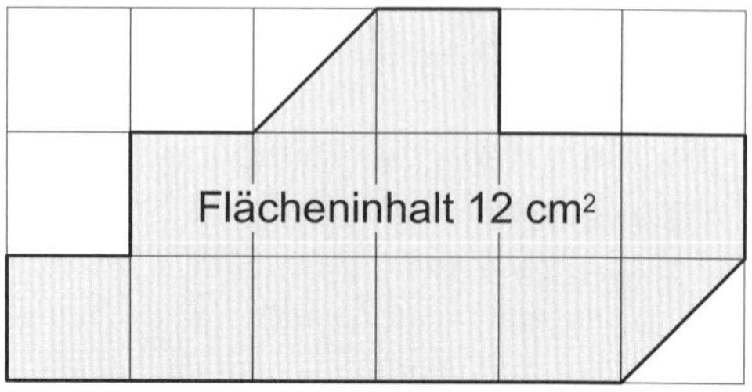

TIPP-KARTE
Flächenberechnung Rechteck

Der **Flächeninhalt** eines Rechtecks kann auch berechnet werden.
Die Formel für den Flächeninhalt A eines Rechtecks mit den Seitenlängen a und b lautet: **A = a • b**.

Beispiel: a = 6 cm, b = 12 cm
A = 6 cm • 12 cm
A = 72 cm^2

Flächenberechnung Quadrat

Die Formel für den Flächeninhalt A eines Quadrates mit der Seitenlänge a lautet **A = a • a** oder **A = a^2**.

Beispiel: a = 5 dm
A = 5 dm • 5 dm
A = 25 dm^2

TIPP-KARTE
Parallel und senkrecht

- Linien verlaufen parallel, wenn sie an allen Punkten den gleichen Abstand voneinander haben. Du kannst das überprüfen, indem du den Abstand an verschiedenen Stellen misst.

Beispiel:

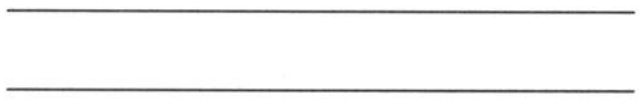

Der Abstand beträgt 5 mm.

- Senkrechte stehen immer in einem rechten Winkel (90°) aufeinander. Lege zum Messen den rechten Winkel eines Geodreiecks an.

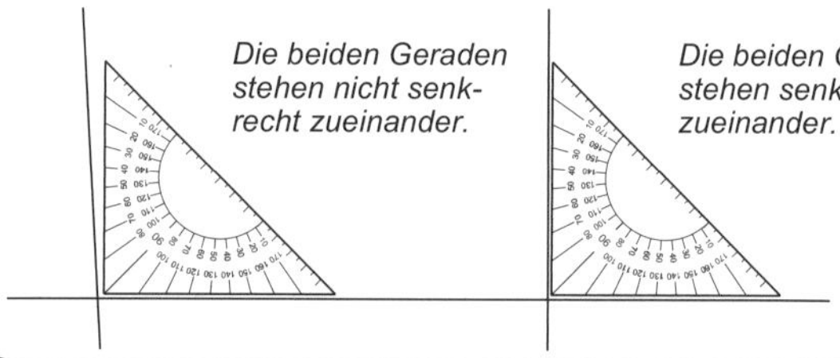

TIPP-KARTE
Achsensymmetrische Figuren

Eine Figur heißt **achsensymmetrisch**, wenn es eine Gerade als Achse gibt, die die Figur in zwei deckungsgleiche Hälften zerlegt. Die Achse heißt **Spiegel-** oder **Symmetrieachse**.

Beispiel:

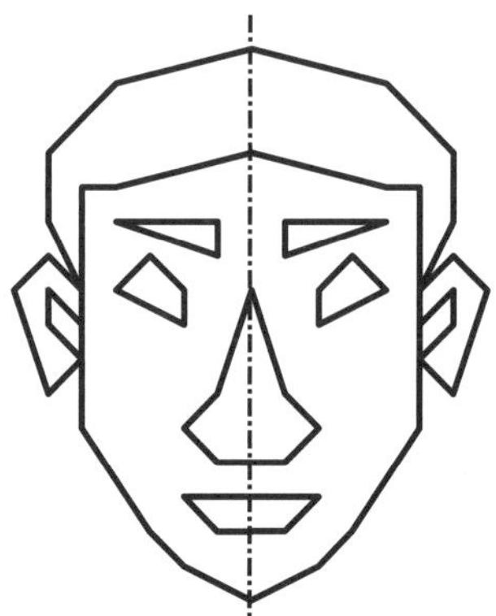

TIPP-KARTE
Drehsymmetrische Figuren

Wenn eine Figur nach dem Drehen um einen Drehpunkt wieder mit der Originalfigur zur Deckung kommt, dann nennt man sie **drehsymmetrisch**.

Beispiel:

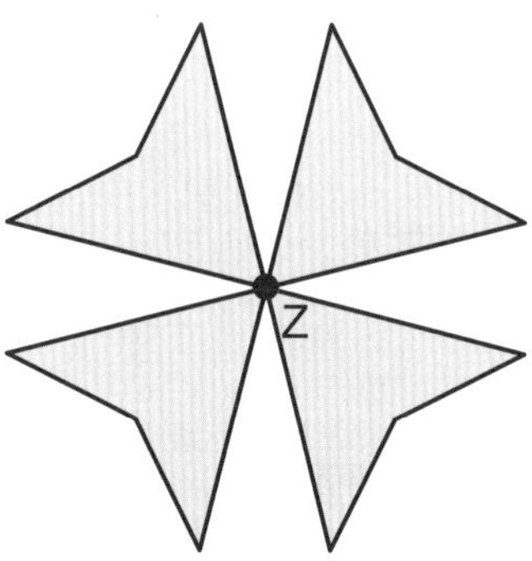

Diese Figur ist drehsymmetrisch. Wenn du sie um jeweils 90° drehst, kommt sie mit sich selbst wieder zur Deckung. Probiere es einmal selbst aus.

TIPP-KARTE
Spiegeln mit dem Geodreieck

Bringe die Spiegelachse mit der Mittellinie des Geodreiecks zur Deckung. Der zu spiegelnde Punkt muss an der Unterkante des Geodreiecks sein. Übertrage den Abstand dieses Punktes auf die andere Seite der Spiegelachse und markiere den Punkt entsprechend. Verfahre genau so mit den anderen Punkten.

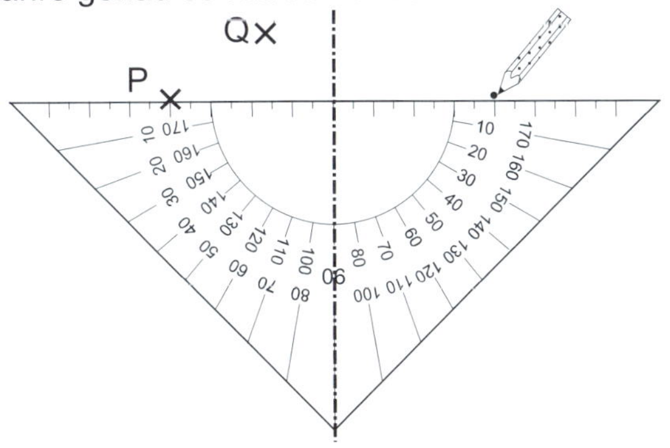

TIPP-KARTE
Subtraktion mehrerer Subtrahenden

Beispiel:

	9	3	5
–	2	6	8
–	3	1	9

	9	3	5
–	2	6	8
–	3_1	1_2	9
	3	4	8

a) Addiere die Einer der Subtrahenden: 9 + 8 – 17. 5 – 17 geht nicht, leihe dir zwei Zehner. 25 – 17 = 8. Schreibe 8 hin und merke dir die zwei geliehenen Zehner.

b) Addiere die Zehner der Subtrahenden: 2 + 1 + 6 = 9. 3 – 9 geht nicht, leihe dir einen Hunderter. 13 – 9 = 4. Schreibe 4 hin und merke dir den geliehenen Hunderter.

c) Addiere die Hunderter der Subtrahenden: 1 + 3 + 2 = 6. 9 – 6 = 3. Schreibe 3 hin. Ergebnis: 348.

TIPP-KARTE
Geometrische Körper

Geometrische Körper werden von Flächen begrenzt.
Ein Körper heißt Prisma, wenn zwei Flächen zueinander parallel und deckungsgleich sind.

Beispiele:

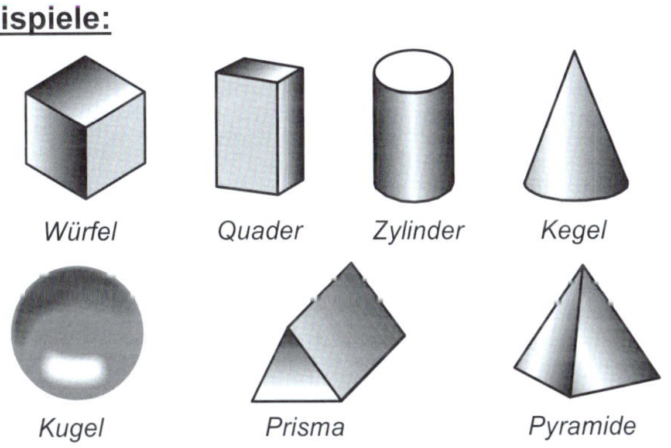

TIPP-KARTE
Körpernetze

Jeder Körper kann so aufgeschnitten werden, dass ein sogenanntes **Netz** entsteht. Schneidet man diese Netze aus, lässt sich der Körper herstellen, wenn die zusammenhängenden Flächen entsprechend umgeklappt werden.

Beispiel:

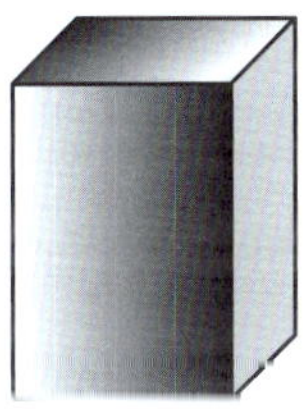

Quader

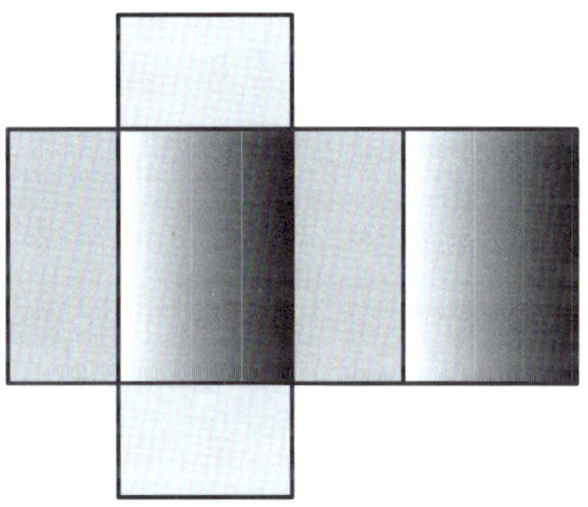

Netz des Quaders

TIPP-KARTE
Darstellung von Brüchen

$\frac{3}{4}$, $\frac{1}{5}$, $\frac{3}{7}$ nennt man Brüche.

Damit bezeichnet man Teile von einem Ganzen.

$\frac{3}{5}$
Die Zahl über dem Bruchstrich heißt ***Zähler***
Bruchstrich
Die Zahl unter dem Bruchstrich heißt ***Nenner***

Der **Nenner** gibt an, in wie viel gleich große Teile das Ganze zerteilt wird.
Der **Zähler** gibt an, wie viele Teile genommen werden.

Beispiele:

$\frac{5}{9}$ 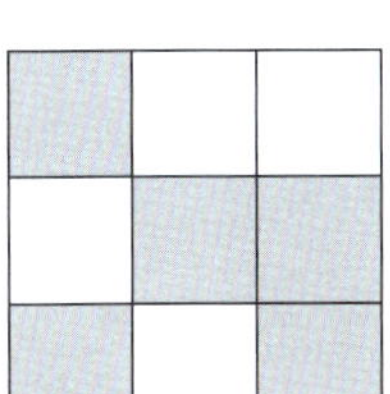

$\frac{5}{6}$ 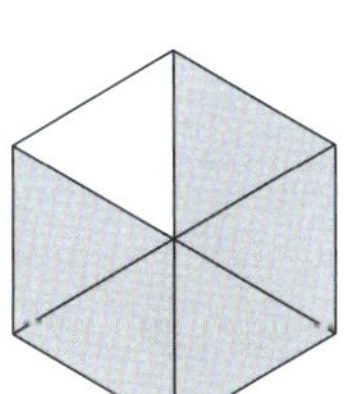

TIPP-KARTE
Brüche anwenden

Wie viel sind $\frac{1}{4}$ von 1 km?

Du weißt: 1 km = 1000 m

$\frac{1}{4}$ von 1 km bedeutet, dass du einen Kilometer, also 1000 m, in vier gleiche Teile teilen sollst. Damit ist ein Teil 250 m.

$\frac{1}{4}$ von 1 km = 250 m

Wie viel sind $\frac{3}{4}$ von 1 kg?

$\frac{3}{4}$ von 1 kg bedeutet, dass du ein Kilogramm, also 1000 g, in vier gleiche Teile teilen und drei davon nehmen sollst.

$\frac{3}{4}$ von 1 kg = 750 g

Mathe zum Schmunzeln Mit Sachaufgaben rechnen

Textaufgaben lösen und dabei die Angst vor Sachaufgaben verlieren – die humorvoll gestalteten Arbeitsblätter lassen sich zu einer praktischen Freiarbeitskartei verarbeiten. Hierzu laminieren Sie die Aufgabenstreifen am besten ein (Vorderseite: Aufgaben, Rückseite: Lösungen).

Kohls praktische Freiarbeitskartei!

5. Schuljahr	Buch	Nr. 10 245	10,00 €
(24 Seiten)	PDF	Nr. P10 245	7,99 €
6. Schuljahr	Buch	Nr. 10 246	10,00 €
(24 Seiten)	PDF	Nr. P10 246	7,99 €
7./8. Schulj.	Buch	Nr. 10 250	10,00 €
(24 Seiten)	PDF	Nr. P10 250	7,99 €
9./10. Schulj.	Buch	Nr. 10 252	12,00 €
(36 Seiten)	PDF	Nr. P10 252	9,49 €

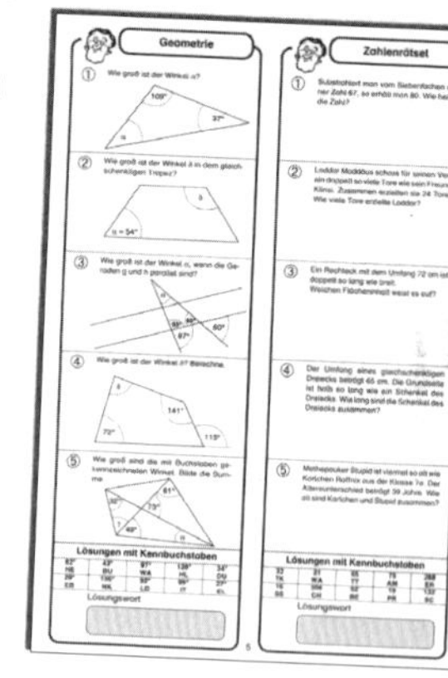

Mathe-Rätsel für helle Köpfe

Die Mathe-Rätsel für helle Köpfe bieten abwechslungsreiche und vielfältige Übungen zur Festigung und Vertiefung schulbuchunabhängig von gelerntem Wissen an. Sie können neben dem Einsatz im Kernunterricht auch Abwechslung für Freiarbeit oder Vertretungsstunden bieten. Die Möglichkeit der inneren Differenzierung ist ebenfalls gegeben. ***Auch in höheren Jahrgangsstufen lohnt sich der Einsatz des Materials zur Wiederholung.*** Kreuzzahlrätsel oder Knobeln an magischen Quadraten, Geheimcodes und Verbindungsmaschinen sorgen für Abwechslung. Dominos, spannende Bilder- und Buchstabenrätsel, die das Grundwissen und viele mathematische Begriffe festigen, runden das Bild ab. Die Inhalte passen sich den Jahrgangsstufen an.

5. Schuljahr	(76 Seiten)	Buch	Nr. 11 151	17,80 €	PDF Nr. P11 151	14,49 €
6. Schuljahr	(80 Seiten)	Buch	Nr. 11 152	17,80 €	PDF Nr. P11 152	14,49 €

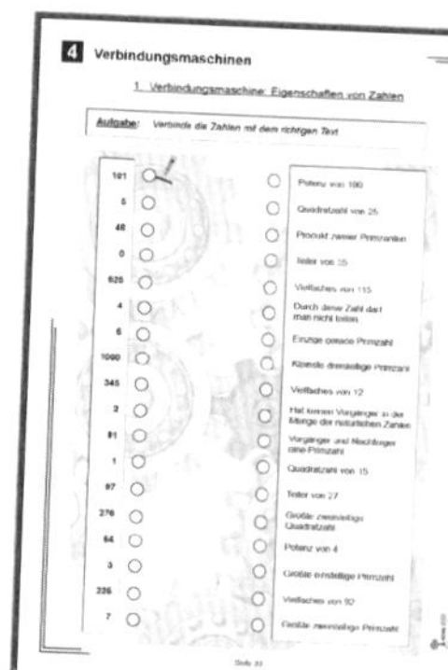

Selbstständig durch Selbsteinschätzung

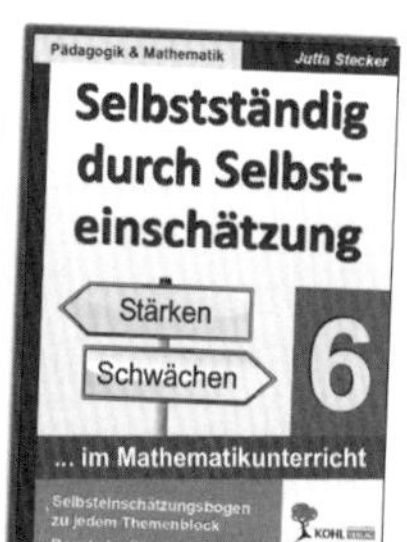

Den Lernprozess der Schüler individuell begleiten und optimal fördern – wer möchte das nicht? Mit diesem Übungsprogramm überprüfen die Schüler selbstständig ihr Können und schätzen ihre Fähigkeiten ein. Schwächere Schüler arbeiten Defizite ab, stärkere Schüler haben zusätzliches Übungsmaterial zur Festigung. Zu jedem Themenblock gibt es einen Selbsteinschätzungsbogen sowie eine Revision mit den wichtigsten Regeln im Überblick und Aufgaben. Hinzu kommen zahlreiche Übungsblätter zu den einzelnen Unterthemen, die individuell ausgewählt und bearbeitet werden. ***So nehmen Ihre Schüler ihren Lernprozess zunehmend selbst in die Hand und werden selbstständig durch Selbsteinschätzung!***

5. Schuljahr	(80 Seiten)	Buch	Nr. 11 427	17,80 €	PDF Nr. P11 427	14,49 €
6. Schuljahr	(80 Seiten)	Buch	Nr. 11 455	17,80 €	PDF Nr. P11 455	14,49 €

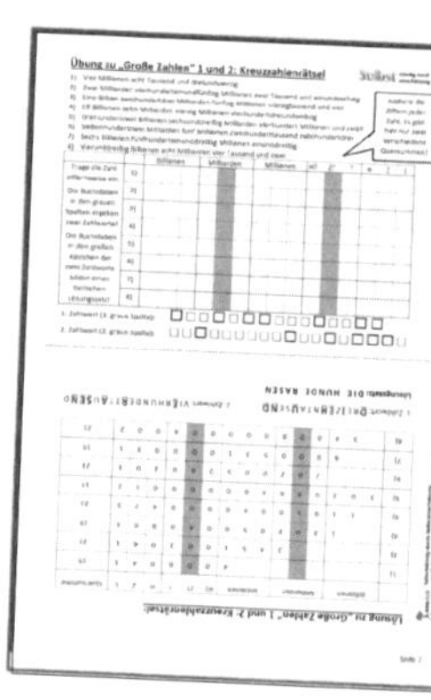

Grundwissen Mathematik

... kinderleicht erklärt

Zahlreiche Kopiervorlagen, die randgefüllt sind mit dem Grundwissen der jeweiligen Klassenstufe. Die elementaren Grundregeln der Mathematik werden detailliert erklärt. Motivierende Übungsaufgaben zu jedem Sachverhalt, die sich von den üblichen gewohnten Aufgaben positiv abheben, machen das Material einmalig. Die Arbeitsblätter sind so strukturiert, dass sich die Mathematik kinderleicht erklärt. ***Übersichtliche und ausführliche Lösungen im DIN-A5-Kartenformat runden das Ganze ab.***

Individuell auswählbares Unterrichtsmaterial!

5. Schuljahr	Buch	Nr. 11 534	19,80 €
(104 Seiten)	PDF	Nr. P11 534	15,99 €
6. Schuljahr	Buch	Nr. 11 535	19,80 €
(104 Seiten)	PDF	Nr. P11 535	15,99 €
7. Schuljahr	Buch	Nr. 11 570	19,80 €
(104 Seiten)	PDF	Nr. P11 570	15,99 €

Klassenarbeiten individuell selbst zusammenstellen

Jeder Band enthält insgesamt ***270 Aufgabenkarten*** und ist somit äußerst hilfreich zur Erstellung von individuellen Tests und Klassenarbeiten. Einfach die Seite kopieren, die gewünschten Aufgaben mit der Schneidemaschine ausschneiden, in die Vorlagenhülle einlegen, in Klassenstärke kopieren – fertig! So entstehen ganz schnell individuell zusammengestellte Tests und Arbeiten in hoher Qualität und Sie ersparen sich viel Mühe. So haben Sie mit wenig Zeitaufwand stets unterschiedliche Arbeiten parat.

Unser Tipp: Bewahren Sie alle Streifen mit Büroklammern zusammengehalten und sortiert in einer Box auf. So geht es noch schneller!

5. Schuljahr	Buch	Nr. 11 368	17,80 €
(72 Seiten)	PDF	Nr. P11 368	14,49 €
6. Schuljahr	Buch	Nr. 11 369	17,80 €
(72 Seiten)	PDF	Nr. P11 369	14,49 €
7. Schuljahr	Buch	Nr. 11 460	17,80 €
(72 Seiten)	PDF	Nr. P11 460	14,49 €